DEUTSCHE AKADEMIE DER WISSENSCHAFTEN ZU BERLIN

Veröffentlichungen des Geodätischen Institutes in Potsdam

Nr. 4

I

Die vollständige Bestimmung örtlicher gravimetrischer Störungsfelder aus Drehwaagemessungen mit Berechnungsbeispiel

(Meßtischblatt Weddingstedt i. Holstein)

II

Das physikalische Bildungsgesetz der Figur der Erde

(Theorie der normalen Erdgestalt)

VON

HANS HAALCK

1950

AKADEMIE-VERLAG · BERLIN

Erschienen im Akademie-Verlag GmbH., Berlin NW 7, Schiffbauerdamm 19
Lizenz-Nr. 156 · 5543/49 — 6747 49
Gedruckt in der Buchdruckerei F. Mitzlaff, Rudolstadt i. Thür. (1078)
Bestell- und Verlagsnummer: 2016/4
Preis: 13,— DM

Inhalt

I
Die vollständige Bestimmung örtlicher gravimetrischer Störungsfelder aus Drehwaagemessungen mit Berechnungsbeispiel (Meßtischblatt Weddingstedt i. Holstein)

II
Das physikalische Bildungsgesetz der Figur der Erde (Theorie der normalen Erdgestalt)

Vorwort und Zusammenfassung

Die erste der folgenden beiden Abhandlungen enthält eine Berechnungsmethode für die vollständige Bestimmung örtlicher gravimetrischer Störungsfelder aus Drehwaagemessungen. Um die Form der Niveauflächen für große Teile der Erdoberfläche zu ermitteln, liefern astronomisch-geodätische und Pendelmessungen die Grundlagen für die zum Teil recht schwierigen und umständlichen Berechnungsarbeiten. Örtliche Verzerrungen des Schwerefeldes können nur mit Hilfe von Drehwaagemessungen genauer erforscht werden. Die Kenntnis der Theorie und Praxis der Eötvösschen Drehwaage wird als bekannt vorausgesetzt. Nach eingehender Erörterung der wesentlichsten empirischen Grundlagen werden die theoretischen Zusammenhänge abgeleitet. Für die Praxis der angewandten Geophysik können die mathematischen Formeln ihren Zweck aber nur erfüllen, wenn sie in eine Form gebracht werden, die es dem Nichtmathematiker, also dem reinen Praktiker bzw. dem Geologen, ermöglicht, die vollständige Bearbeitung der Beobachtungsergebnisse vorzunehmen, ohne daß ein zu großer Aufwand an Arbeit dazu nötig wird. Daher ist für die Berechnungsmethode ein einfaches einheitliches Schema ausgearbeitet worden, welches die gesamten Berechnungsarbeiten auf ein Minimum reduziert und dabei eine hinreichende Genauigkeit der Ergebnisse gewährleistet. Das Verfahren ist an einer Anzahl von Messungsbeispielen, deren Ergebnisse in einigen Fällen (Gifhorn, Heide) bereits veröffentlicht worden sind, entwickelt und ausprobiert worden. Im folgenden wird das Anwendungsschema in der vollendeten Form an Hand eines einfachen kleinen Zahlenbeispiels[1]) ausführlich erörtert und beschrieben. Als größeres praktisches Anwendungsbeispiel werden die Ergebnisse der Berechnungen für das Meßgebiet meines Heimatdorfes Weddingstedt in Dithmarschen, Prov. Schleswig-Holstein (Lageplan siehe Abb. 18), mitgeteilt und im letzten Abschnitt erörtert[2]). — Für die Praxis der angewandten Geophysik ist eine vollständige Bestimmung der örtlichen gravimetrischen Störungsfelder überflüssig. Für diese Zwecke genügt die Konstruktion der Isanomalenbilder von W_z, W_{zz} und W_{zzz}, von welchen die W_{zz}-Darstellung an Bedeutung gegenüber den anderen beiden zurücktritt. Eine einfache Methode, um größenordnungsmäßig die geringste Tiefe der Dichteungleichheiten im Untergrund zu bestimmen, ergibt sich aus dem W_{zzz}-Isanomalenbild; praktische Tiefenberechnungen werden an 24 Punkten des Meßgebiets ausgeführt.

Die zweite Arbeit betrifft die Theorie der normalen Erdgestalt, d. h. der Figur ihres hydrostatischen Gleichgewichts, wobei auch die Größen, welche klein von der Größenordnung der zweiten Potenz der Abplattung sind, mit berücksichtigt werden. Obwohl dieser Gegenstand früher schon wiederholt in der höheren Geodäsie bzw. der theoretischen Geophysik behandelt worden ist (E. Wiechert, Fr. Helmert, G. H. Darwin), habe ich eine neue Darstellung für angebracht gehalten: 1. weil in der neueren Fachliteratur ein Fehler Verbreitung gefunden hat, der daher rührt, daß man — um die Rechnung sehr zu vereinfachen — nur einen Teil der Glieder von der Größen-

---

[1]) Das Zahlenbeispiel bildet ein kleines, geologisch interessantes Teilgebiet (Borgholz—Wildpfahl) des Meßtischblattes Weddingstedt; es ist in den Karten 7—9 und 18 angegeben.

[2]) Die Drehwaagemeßergebnisse wurden mir freundlicherweise von der Deutschen Geophysikalischen Reichsaufnahme zur Verfügung gestellt, wofür ich ihrem verstorbenen Leiter, Herrn Prof. O. Barsch, zu Dank verpflichtet bin.

ordnung der zweiten Potenz der Abplattung berücksichtigt, so daß die Genauigkeit eben bei den Gliedern aufhört, an deren Sicherstellung der Theorie gerade gelegen ist, 2. weil über die Bedeutung des früher eingeführten Begriffs der sog. „Niveausphäroide", von denen nur das sog. „Normalsphäroid" einen physikalischen Sinn hat, vielfach Unklarheit herrscht, und 3. weil in den bisherigen Darstellungen die Theorie stets in Verbindung mit dem im Innern der Erde herrschenden Dichtegesetz behandelt worden ist, während sich — wie in der Abhandlung gezeigt wird — Formeln auf Grund einer sehr viel einfacheren Ableitung angeben lassen, welche mit genügender Annäherung unabhängig von dem Dichtegesetz des Erdinnern gelten.

Potsdam, im Herbst 1948

HANS HAALCK

I. Die vollständige Bestimmung örtlicher gravimetrischer Störungsfelder aus Drehwaagemessungen mit Berechnungsbeispiel (Meßtischblatt Weddingstedt i. Holstein)

1. Die empirischen Grundlagen

Die Untersuchung der lokalen gravimetrischen Störungsfelder ist in erster Linie Gegenstand der angewandten Geophysik, welche daran interessiert ist, die vollständigen bzw. die geeignetsten Grundlagen zu erhalten für die Schlußfolgerungen in bezug auf die die Schwerestörungen verursachenden geologischen Massen im Untergrund. Für die Ausmessung solcher Störungsfelder stehen an Meßinstrumenten zur Verfügung:

1. die seit etwa zwei Jahrzehnten entwickelten Gravimeter, von denen eine ganze Reihe verschiedener Typen in Gebrauch ist, und
2. die von Eötvös um die Jahrhundertwende entwickelte Drehwaage.

Während mit den ersteren nur die örtlichen Unterschiede in der Größe der Schwerkraft gemessen werden können (die Gravimetermethode stellt lediglich einen beträchtlich schneller und genauer arbeitenden Ersatz für die ältere Pendelmethode dar), gestattet die Eötvössche Drehwaage, falls die topographischen Effekte nicht eine zu starke Verzerrung bewirken, eine vollständigere Bestimmung des örtlichen Störungsfeldes, wie Eötvös schon an Hand seiner ersten ausgedehnten Messungen in der ungarischen Tiefebene ausführlich gezeigt hat. (Die Drehwaagemessungen liefern bekanntlich die beiden horizontalen Komponenten des Schwerkraftsgradienten, aus welchen man bei einem hinreichend dichten Beobachtungsnetz die Isanomalen der Schwerkraft ableiten kann, und die sog. Krümmungsgrößen der Niveauflächen, das sind die Lage der Hauptkrümmungsebenen und die Differenz der reziproken Werte der Hauptkrümmungsradien. Aus den Krümmungsgrößen kann man, wie ebenfalls von Eötvös an einem praktischen Beispiel (siehe [1] S. 41) ausgeführt wurde, wenn die Meßpunkte in bestimmter Weise angeordnet werden und nicht zu weit voneinander entfernt liegen, den örtlichen Verlauf der Lotstörungen berechnen, indem man die Messungen an Punkte anschließt, an welchen man die Lotrichtung durch astronomisch-geodätische Messungen ermittelt hat. Daraus findet man dann den vollständigen Verlauf der örtlichen Verzerrungen der Niveauflächen, d. h. die lokalen Geoidundulationen (bzw. Potentialstörungen). Dieses Verfahren ist aber praktisch so umständlich, daß es für die meisten heutigen Drehwaagemeßgebiete nicht in Frage kommen kann. Es ist daher meines Wissens seit Eötvös auch nicht wieder durchgeführt worden.)

Während man die Ergebnisse der Gravimetermessungen in Isanomalenform darzustellen pflegt, ist es üblich, die Meßwerte der Drehwaage in der bekannten Eötvösschen Form in die Karten einzutragen. (Nur für die örtliche Verteilung der Schwerkraft, welche man entsprechend der von Eötvös angegebenen, punktweise fortschreitenden Konstruktion aus den Horizontalgradienten der Schwerkraft ableiten kann, ist eine Isanomalendarstellung möglich.) Abb. 1 a und 1 b zeigen die Verteilung der Gradienten und Krümmungsgrößen nach den Messungen der geophysikalischen Reichsaufnahme auf dem Meßtischblatt Weddingstedt. In diesem etwa 122 qkm großen Meßgebiet (Meßtischblatt Nr. 420) liegen rund 800 nicht gleichmäßig verteilte, im wesentlichen

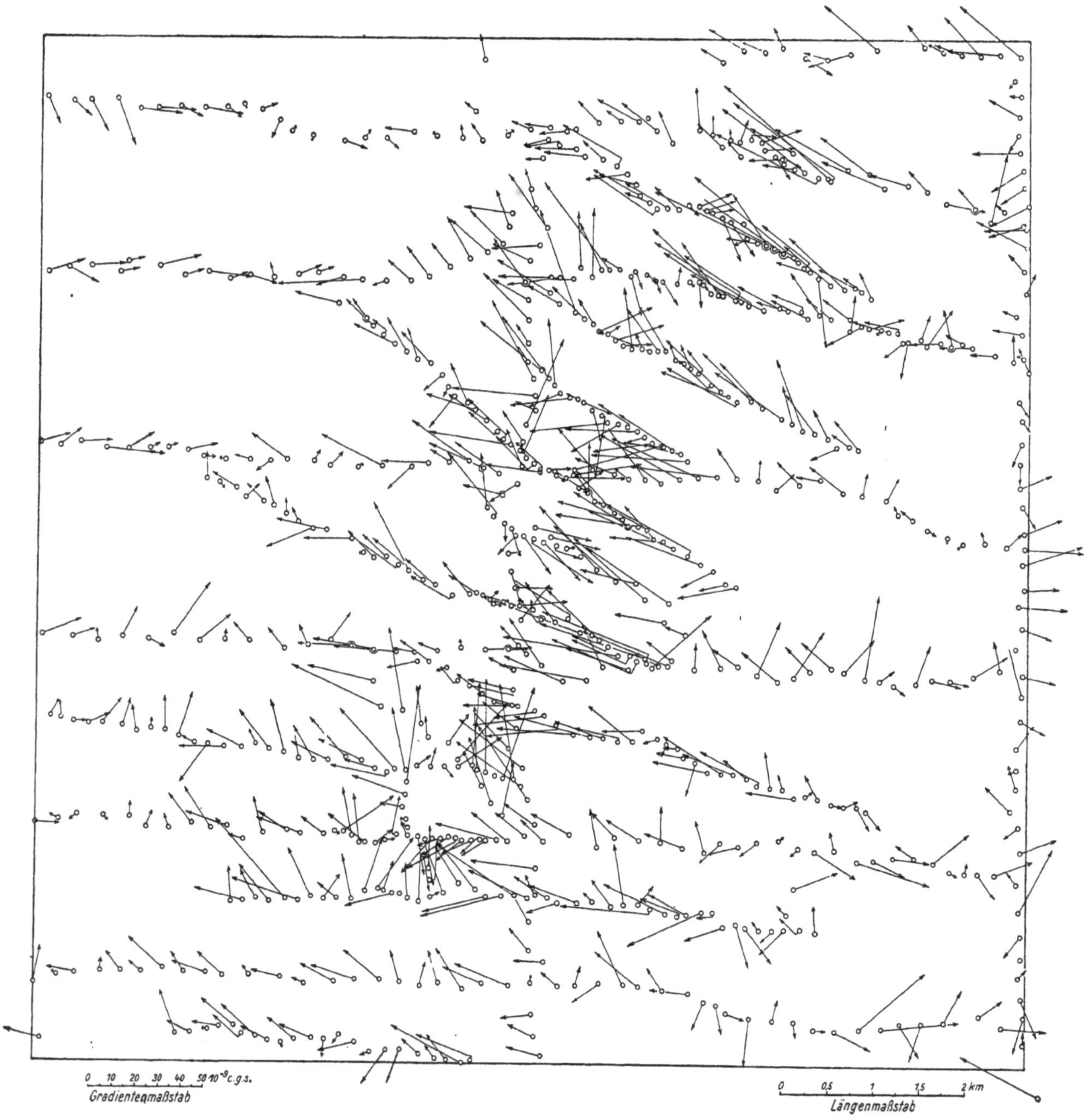

Abb. 1a. Die Verteilung der Horizontalgradienten der Schwerkraft auf dem Meßtischblatt Weddingstedt

profilmäßig angeordnete Drehwaagestationen. Es stellt die nördliche Fortsetzung des bereits früher bearbeiteten [4] Meßgebiets von Heide in Holstein (Meßtischblatt 490) dar; geologisch ist es durch eine Anzahl von Aufschlußbohrungen in den Hauptgrundzügen bekannt geworden.

Praktisch interessieren nicht die wirklich vorhandenen örtlichen Verzerrungen des Schwerefeldes, sondern ihr reduzierter Verlauf, d. h. die Störungen, welche nach Anbringung folgender Korrektionen übrigbleiben: 1. wegen der normalen, von der Erdgestalt als Ganzes herrührenden Wirkung, 2. wegen der von den topographischen Unebenheiten herrührenden Einflüsse und 3. wegen der Wirkungen, welche von der verschiedenen Höhenlage der einzelnen Meßpunkte herrühren. Die Messungen werden also so korrigiert,

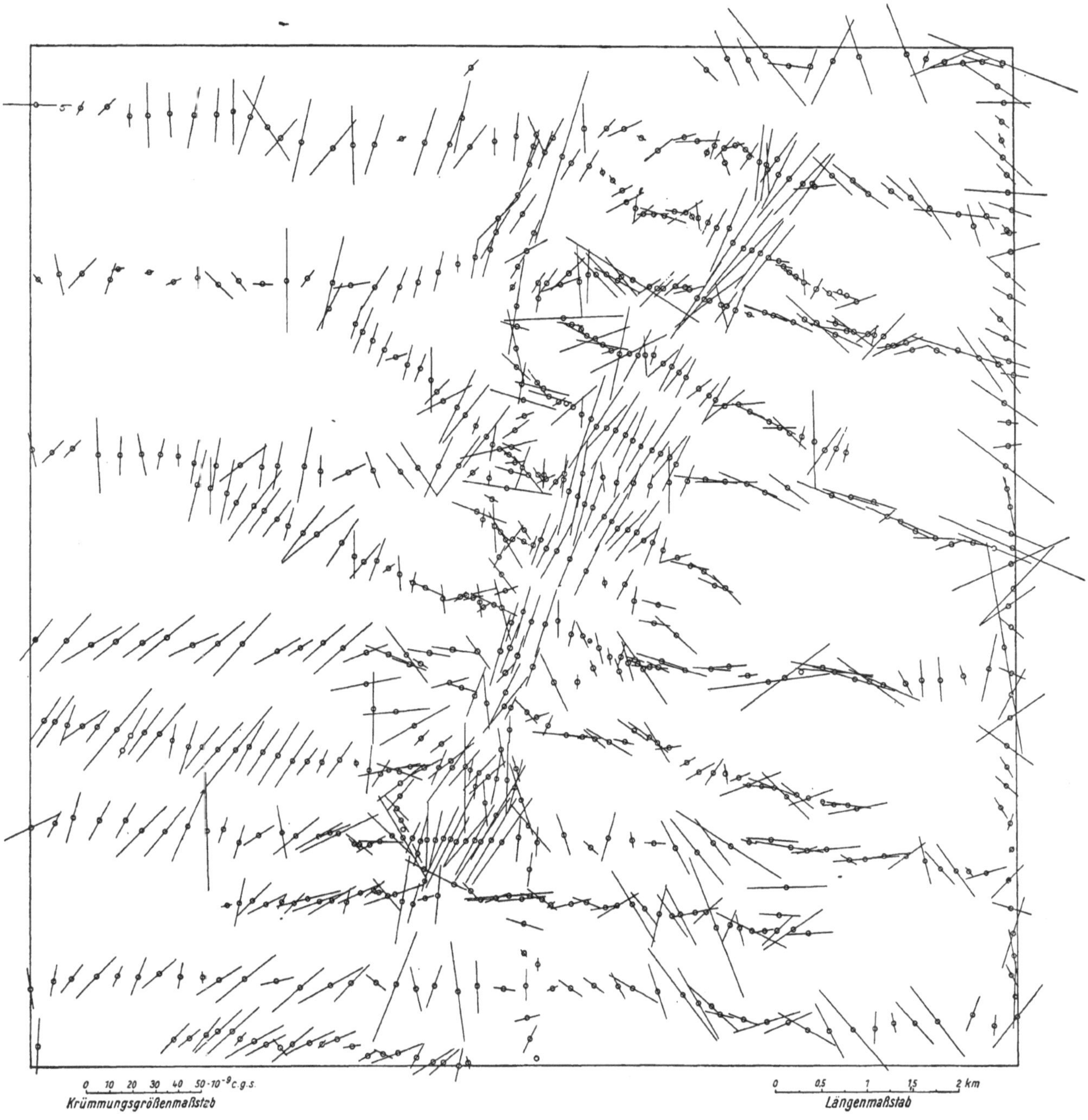

Abb. 1b. Die Verteilung der Krümmungsgrößen auf dem Meßtischblatt Weddingstedt

daß sie für ein vollkommen ebenes horizontales Untersuchungsgebiet gelten. Zu diesen Korrektionen, welche unmittelbar an die rohen Meßwerte angebracht werden, kommen noch die mehr oder weniger großen S t r e u u n g e n der Meßwerte, welche in erster Linie durch kleine Dichteunregelmäßigkeiten in unmittelbarer Nähe der einzelnen Meßpunkte, außerdem durch Ungenauigkeiten der Korrektionswerte oder von regellosen instrumentellen Fehlereinflüssen oder dergleichen verursacht werden, und welche ebenfalls nach Möglichkeit aus dem Meßbild eliminiert werden sollen. Von der Genauigkeit in der Erfassung dieser Verbesserungen hängt bei den gravimetrischen Vermessungen der Grad der Sicherheit ab, welche den Meßbildern als Grundlage für die endgültigen Schlußfolgerungen in bezug auf die die Störung verursachenden Dichteungleichheiten im Untergrund zukommt.

Die Genauigkeit in der Erfassung der Geländewirkung, welche einen wesentlichen Teil bei den praktischen Arbeiten ausmacht, entspricht bei den Drehwaagemessungen in günstigem Meßgelände gut der instrumentellen Meßgenauigkeit (welche etwa 1 bis 2 Eötvös-Einheiten beträgt). Bei unregelmäßig geformtem Gelände, besonders mit unterschiedlichen Oberflächendichten, läßt sich eine solche nicht mehr erreichen, am wenigsten in den Krümmungsgrößen, und bei stärker unregelmäßigen topographischen Verhältnissen kann die Unsicherheit so groß werden, daß die nutzbringende Anwendung der Drehwaagemethode überhaupt in Frage gestellt wird. Der Einfluß der Höhenunterschiede der Meßpunkte, welcher bei den Gravimetermessungen die Hauptrolle spielt, ist bei Drehwaagemessungen — falls die Dichte der Oberflächenschichten in horizontaler Richtung gleichförmig ist — gleich Null (eine horizontale gleichförmige Gesteinsplatte hat auf die Drehwaagemeßgrößen, außer am Rande einer solchen Platte, keine Wirkung).

Die Eliminierung der Streuungen aus den Meßbildern ist eine Frage, welche davon abhängt, erstens wie stark die Meßwerte streuen, zweitens wie groß die gravimetrischen Wirkungen der geologischen Massen sind, welche gesucht bzw. untersucht werden sollen, und drittens wie dicht das Netz der Beobachtungspunkte ist. In gravimetrisch idealen Meßgebieten, als welche sich z. B. die alluviale ungarische Tiefebene für die ersten Drehwaagemessungen Eötvös erwies, sind Streuungen der Meßwerte nicht oder kaum merklich. Bei relativ geringen Streuungen ergeben Ausgleichungen keinen Vorteil. Anders liegt aber der Fall, wenn die Streuungen so groß sind, daß sie fast dieselbe Größenordnung erreichen wie die in Frage kommende Wirkung der geologischen Dichtestörungen. Diese Fälle sind aber die häufigeren, z. B. in den Diluvialgebieten der norddeutschen Tiefebene (vgl. Abb. 2). Es ist natürlich, daß eine Ausgleichung der Streuwerte um so genauer und sicherer durchgeführt werden kann, je größer die Zahl der Meßpunkte ist. Deren Begrenzung hängt im wesentlichen davon ab, wieviel Zeit und Geld für die zu untersuchende Frage geopfert werden soll.

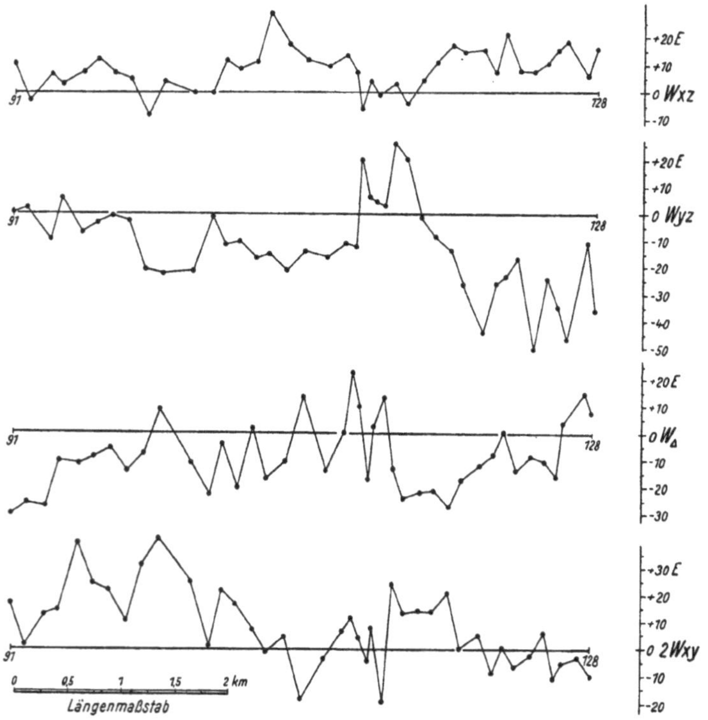

Abb. 2. Die Streuung der Meßwerte in einem Ost-Westprofil (Meßpunkte 91—128) auf dem Meßtischblatt Weddingstedt (in Eötvös-Einheiten)

Die Art und Weise, wie man die Ausgleichung der Streuwerte vornimmt, kann verschieden sein. Betrachten wir z. B. die in der Praxis meistens gebräuchliche profilmäßige Anordnung der Drehwaagemeßpunkte (soweit es möglich ist, senkrecht zum Streichen der gravimetrisch wirksamen geologischen Formationen). Bei einer solchen Meßanordnung ist eine Ausgleichung der Streuwerte gut möglich, wenn nur der Stationsabstand recht klein gewählt wird (im allgemeinen ist auch darauf zu achten, daß der Abstand der einzelnen Profile voneinander, welche von der Art der zu untersuchenden geologisch-bergmännischen Frage abhängt, nicht zu groß gewählt wird). In Abb. 2 sind beispielsweise die Meßwerte längs eines solchen Profils graphisch aufgetragen[1]). Eine mittlere Kurve ergibt sich nach der bekannten Formel der Mittelbildung aus je drei aufeinanderfolgenden Werten:

---

[1]) Die übrigen Meßprofile zeigen den gleichen Charakter der Streuungen. — Vgl. auch [4] S. 123, Abb. 2.

Abb. 3a. Isanomalen von W_{xz} auf dem Meßtischblatt Weddingstedt

$$n = \frac{1}{2}\left(\frac{n_1 + n_3}{2} + n_2\right).$$

An Hand der auf diese Weise erhaltenen zackigen Kurve kann man dann eine sich dieser anschmiegende ausgeglichene Kurve ziehen, wobei die stark herausfallenden Werte geringer bewertet werden.

Eine mehr oder weniger gute Eliminierung der Streuungen ergibt sich, wenn man die Meßergebnisse kartenmäßig in Isanomalenform darstellt. Die dadurch erzielte Ausgleichung der Meßwerte bedeutet keine Verwässerung der Meßergebnisse, wenn man nur darauf achtet, daß jede systematische Erscheinung in dem Verhalten der einzelnen Meßgrößen auch in den Kurven zum Ausdruck gebracht wird. Der Einfluß tektonischer Einzelheiten der gravimetrisch

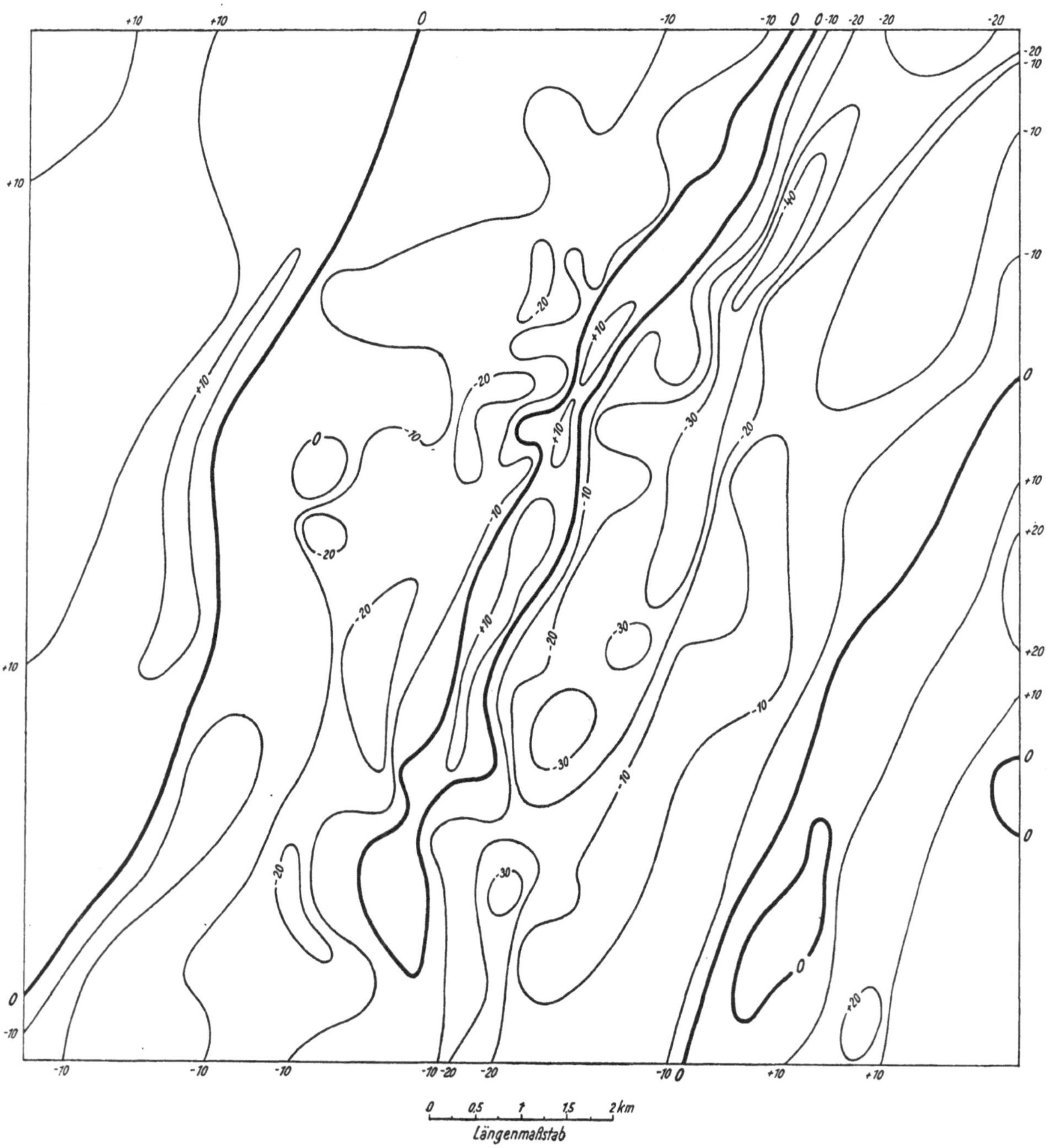

Abb. 3b. Isanomalen von W_{yz} auf dem Meßtischblatt Weddingstedt

wirkenden Strukturen wird dadurch weniger verwischt als durch die unregelmäßigen Streuwerte in dem ursprünglichen Meßbild. Örtliche Irrtümer (es kann z. B. vorkommen, daß einige benachbarte Streuwerte zufällig in gleichem Sinne herausfallen) sind natürlich niemals ganz zu vermeiden. Das Zeichnen der Isanomalen erfordert große Sorgfalt. Bei vereinzelt stark herausfallenden Beobachtungswerten ist es berechtigt, diese entweder weniger stark zu berücksichtigen oder auch ganz zu vernachlässigen. Dabei können natürlich oft Zweifel entstehen über die richtige Isanomalenführung, besonders wenn die herausfallenden Werte so häufig vorkommen, daß nicht mehr zu unterscheiden ist, welche Werte als reell — d. h. von geologischen Formationen verursacht — und welche als gestört anzusehen sind. (Die Streuung der Meßwerte kann auch so groß werden, daß eine einigermaßen zuverlässige Linienführung der Isanomalen als kaum möglich erscheint; das sind dann aber

Abb. 3c. Isanomalen von W_Δ auf dem Meßtischblatt Weddingstedt

auch schon die Grenzfälle, in welchen eine nutzbringende Anwendung der Drehwaagemethode überhaupt in Frage gestellt ist.)

Ein gutes — praktisch wegen der damit verbundenen Mehrarbeit aber wohl nur selten in Frage kommendes — Mittel, subjektive Einflüsse auszuschalten, besteht darin, die gesamten Isanomalenkonstruktionen doppelt oder mehrfach, unabhängig voneinander durchführen zu lassen (etwa das eine Mal nach einer profilmäßigen Ausgleichung der Streuwerte, wie sie oben beschrieben ist). Die vollständige Bestimmung der örtlichen gravimetrischen Störungsfelder nach der vom Verf. entwickelten Methode, welche im folgenden dargestellt werden soll, erfordert die Isanomalendarstellung der vier Drehwaagemeßgrößen W_{xz}, W_{yz}, W_Δ und $2\,W_{xy}$. Sie ist also nur dann möglich, wenn ein Meßgebiet hinreichend dicht mit Drehwaagemeßpunkten

Abb. 3d. Isanomalen von $2W_{xy}$ auf dem Meßtischblatt Weddingstedt

bedeckt ist, so daß die Kurven mit hinreichender Sicherheit gezeichnet werden können[1]). Die Isanomalenbilder der einzelnen Meßgrößen sind aber nicht ganz unabhängig voneinander, sondern müssen bestimmten mathematischen Bedingungen genügen (vgl. S. 11). Die Abb. 3a—d zeigen die örtliche Verteilung der Drehwaagemeßgrößen in Isanomalenform, wie sie in der beschriebenen Weise auf Grund der Meßergebnisse im Gebiet von Weddingstedt gezeichnet worden sind.

[1]) Das Zeichnen der Isanomalen der Drehwaagemeßgrößen ist von grundlegender Bedeutung für das folgende Berechnungsverfahren: Da die Berechnung selbst mit beliebiger Genauigkeit durchführbar ist, so ist die Genauigkeit der Isanomalendarstellung allein entscheidend für die Sicherheit der Berechnungsergebnisse (vgl. S. 35).

2. Die theoretischen Zusammenhänge

Für den Potentialunterschied zwischen zwei benachbarten Punkten $P_{(xy)}$ und $P_{(x_0 y_0)}$ in der x-y-Ebene, welche die Ebene der Isanomalendarstellung bildet, gilt[1]):

$$W = W_0 + W_x (x - x_0) + W_y (y - y_0) + \text{Glieder höherer Ordnung} \tag{1}$$

entsprechend gilt für die ersten Ableitungen:

$$\left.\begin{aligned} W_x &= (W_x)_0 + W_{xx} (x - x_0) + W_{xy} (y - y_0) + \text{Glieder höherer Ordnung} \\ W_y &= (W_y)_0 + W_{xy} (x - x_0) + W_{yy} (y - y_0) + \quad \text{,,} \quad \text{,,} \quad \text{,,} \\ W_z &= (W_z)_0 + W_{xz} (x - x_0) + W_{yz} (y - y_0) + \quad \text{,,} \quad \text{,,} \quad \text{,,} \end{aligned}\right\} \tag{2}$$

und für die zweiten Ableitungen:

$$\left.\begin{aligned} W_{xx} &= (W_{xx})_0 + W_{xxx} (x - x_0) + W_{xxy} (y - y_0) + \text{Glieder höherer Ordnung} \\ W_{xy} &= (W_{xy})_0 + W_{xxy} (x - x_0) + W_{yyx} (y - y_0) + \quad \text{,,} \quad \text{,,} \quad \text{,,} \\ W_{xz} &= (W_{xz})_0 + W_{xxz} (x - x_0) + W_{xyz} (y - y_0) + \quad \text{,,} \quad \text{,,} \quad \text{,,} \\ W_{yy} &= (W_{yy})_0 + W_{yyx} (x - x_0) + W_{yyy} (y - y_0) + \quad \text{,,} \quad \text{,,} \quad \text{,,} \\ W_{yz} &= (W_{yz})_0 + W_{xyz} (x - x_0) + W_{yyz} (y - y_0) + \quad \text{,,} \quad \text{,,} \quad \text{,,} \\ W_{zz} &= (W_{zz})_0 + W_{zzx} (x - x_0) + W_{zzy} (y - y_0) + \quad \text{,,} \quad \text{,,} \quad \text{,,} \end{aligned}\right\} \tag{3}$$

Für die x-y-Ebene gilt (da die Normalreduktionen in allen Meßgrößen angebracht sind) die *Laplacesche Gleichung* in der Form:

$$W_{xx} + W_{yy} + W_{zz} = 0$$

differenziert nach x, y und z:

$$\left.\begin{aligned} W_{zzx} &= - W_{xxx} - W_{yyx} \\ W_{zzy} &= - W_{xxy} - W_{yyy} \\ W_{zzz} &= - W_{xxz} - W_{yyz} \end{aligned}\right\} \tag{4}$$

Wir betrachten zunächst die beiden *Isanomalenkarten der Horizontalgradienten* W_{xz} und W_{yz}. Als Punktanordnung nehmen wir, wie Abb. 4 zeigt, ein Quadrat an, dessen Seiten den Koordinatenachsen parallel gerichtet sind. Die Seitenlänge d sei so klein, daß die vier Eckpunkte des Quadrats als benachbarte Punkte betrachtet werden können. Nach den Gleichungen (3 c) und (3 e) gilt dann bezogen auf den Mittelpunkt P des Quadratfeldes unter Vernachlässigung der höheren Glieder der Reihenentwicklungen:

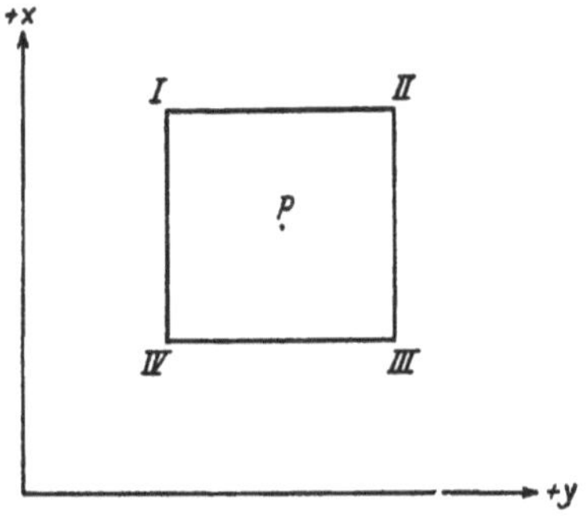

Abb. 4. Punktschema für die Berechnungen

a) *auf der W_{xz}-Karte*:

$$W_{xxz} = \frac{W_{xz}}{2d} \{I + II - (III + IV)\}$$

$$W_{xzy} = \frac{W_{xz}}{2d} \{II + III - (I + IV)\}$$

---

[1]) Es werden die in der höheren Geodäsie üblichen Abkürzungen

$$W_x = \frac{\partial W}{\partial_x}, \quad W_{xz} = \frac{\partial^2 W}{\partial_x \, \partial_z}, \text{ usw. benutzt.}$$

b) auf der W_{yz}-Karte:

$$W_{yyz} = \frac{W_{yz}}{2d}\{II + III - (I + IV)\}$$

$$W_{yzx} = \frac{W_{yz}}{2d}\{I + II - (III + IV)\}$$

[Der Abkürzung wegen ist statt $(W_{xz})_{III} - (W_{xz})_{II}$ der Ausdruck $W_{xz}\,(III - II)$ gesetzt usw.] Nach Gleichung (4 c) ergibt sich damit:

$$W_{zzz} = \frac{1}{2d}\{W_{xz}\,[III + IV - (I + II)] + W_{yz}\,[I + IV - (II + III)]\} \tag{5}$$

Wenden wir jetzt die in Abb. 4 angegebene Punktanordnung auf die Isanomalenkarten der Krümmungsgrößen W_Δ und $2\,W_{xy}$ an, so ist, bezogen auf den Mittelpunkt P des Quadratfeldes:

a) auf der W_Δ-Karte:

$$\frac{\partial(W_\Delta)}{\partial_x} = \frac{W_\Delta}{2d}\{I + II - (III + IV)\}$$

$$\frac{\partial(W_\Delta)}{\partial_y} = \frac{W_\Delta}{2d}\{II + III - (I + IV)\}$$

b) auf der $2\,W_{xy}$-Karte:

$$\frac{\partial(2\,W_{xy})}{\partial_x} = \frac{2\,W_{xy}}{2d}\{I + II - (III + IV)\}$$

$$\frac{\partial(2\,W_{xy})}{\partial_y} = \frac{2\,W_{xy}}{2d}\{II + III - (I + IV)\}$$

Aus der Differentiation der Krümmungsgrößen:

$$\frac{\partial(W_\Delta)}{\partial_x} = W_{yyx} - W_{xxx} \qquad \frac{\partial(W_\Delta)}{\partial_y} = W_{yyy} - W_{xxy}$$

$$\frac{\partial(W_{xy})}{\partial_x} = W_{xxy} \qquad \frac{\partial(W_{xy})}{\partial_y} = W_{yyx}$$

in Verbindung mit den Gleichungen (4 a) und (4 b) folgt:

$$\left.\begin{aligned} W_{zzx} &= \frac{\partial(W_\Delta)}{\partial_x} - 2\,\frac{\partial(W_{xy})}{\partial_y} \\ W_{zzy} &= -\frac{\partial(W_\Delta)}{\partial_y} - 2\,\frac{\partial(W_{xy})}{\partial_x} \end{aligned}\right\} \tag{6}$$

Setzen wir darin die obigen Ausdrücke für $\frac{\partial(W_\Delta)}{\partial_x}$ usw. ein, so erhalten wir:

$$W_{zzx} = \frac{1}{2d}\{W_\Delta\,[I + II - (III + IV)] + 2\,W_{xy}\,[I + IV - (II + III)]\} \tag{7 a}$$

$$W_{zzy} = \frac{1}{2d}\{W_\Delta\,[I + IV - (II + III)] + 2\,W_{xy}\,[III + IV - (I + II)]\} \tag{7 b}$$

Die Isanomalenbilder der Drehwaagemeßgrößen sind, wie bereits erwähnt, theoretisch nicht unabhängig voneinander, sondern müssen bestimmten Zwangsbedingungen genügen. Diese bestehen in folgendem:

Zunächst folgt, da nach einem bekannten mathematischen Satz die Reihenfolge der partiellen Differentiationen einer vollständigen Funktion beliebig vertauscht werden kann:

$$\frac{\partial^3 W}{\partial_x \partial_y \partial_z} = \frac{\partial (W_{xz})}{\partial_y} = \frac{\partial (W_{yz})}{\partial_x} \tag{8 a}$$

Diese Bedingung besteht also für jeden beliebigen Punkt der Isanomalenbilder von W_{xz} und W_{yz}. Praktisch macht sie sich bemerkbar bei der Konstruktion der Isanomalen von W_z aus der örtlichen Verteilung von W_{xz} und W_{yz}; auf ihr beruht der bekannte Satz, daß die Bestimmung des Schwereunterschieds zwischen zwei Punkten P_0 und P längs verschiedener Integrationswege stets denselben Wert ergeben muß.

Etwas komplizierter ist die zwischen den Isanomalenbildern von W und $2\,W_{xy}$ bestehende Bedingung. Aus den Gleichungen (6) folgt durch Differentiation:

$$\frac{\partial^2 (W_{zz})}{\partial_x \partial_y} = \frac{\partial^2 (W_\Delta)}{\partial_x \partial_y} - 2\,\frac{\partial^2 (W_{xy})}{\partial_y{}^2} = -\frac{\partial^2 (W_\Delta)}{\partial_x \partial_y} - 2\,\frac{\partial^2 (W_{xy})}{\partial_x{}^2}$$

d. h. es muß sein:

$$\frac{\partial^2 (W_\Delta)}{\partial_x \partial_y} = \frac{\partial^2 (W_{xy})}{\partial_y{}^2} - \frac{\partial^2 (W_{xy})}{\partial_x{}^2} \tag{8 b}$$

Praktisch macht sich diese Bedingung bei der Konstruktion der Isanomalen von W_{zz} bemerkbar, da sich aus ihr der Satz ergibt, daß die Bestimmung des Unterschieds in dem Vertikalgradienten W_{zz} zwischen zwei Punkten P_0 und P längs verschiedener Integrationswege stets denselben Wert ergeben muß.

Die Schwerestörung eines Drehwaagemeßgebietes läßt sich zerlegen in einen regionalen Anteil und in die sich diesem überlagernden Lokalstörungen:

Eine strenge Definition des Begriffs „regionale Schwerestörung eines Untersuchungsgebietes" gibt es bis jetzt nicht. Regionale Einflüsse auf Drehwaagemeßergebnisse sind zwar häufig erörtert worden; eine quantitative Berücksichtigung konnte aber im allgemeinen, da eine genaue Bestimmung des regionalen Anteils nicht möglich war, nicht erfolgen. Nur bei der Konstruktion der Isanomalen der Schwerkraft W_z ist häufig ein regionaler Störungseinfluß, als welchen man eine nach irgendeiner Richtung hin erkennbare mittlere lineare Zunahme der Schwerkraft definierte, in Abzug gebracht worden. Lag das Isogammenbild einer regionalen Gravimetermessung vor, so konnte man die für das Drehwaagemeßgebiet geltende mittlere lineare Zunahme der Schwerkraft aus diesem entnehmen. Praktisch ist die Berücksichtigung des regionalen Störungseinflusses auf die Meßergebnisse zuweilen von erheblicher Bedeutung, da nach Abzug dieses Betrages in den Meßbildern der Charakter der gesuchten lokalen Störungen meistens bedeutend klarer erkennbar ist als vorher.

Die Isanomalendarstellung der Drehwaagemeßgrößen ermöglicht eine genaue und vollständige Zerlegung der gravimetrischen Störung des Meßgebiets: Dividiert man die jeweiligen Gesamtsummen der einzelnen Drehwaagemeßgrößen durch die Anzahl der Punkte des Quadratnetzes, so erhält man damit die für das Meßgebiet vorhandenen mittleren Werte $\overline{W_{xz}}$, $\overline{W_{yz}}$, $\overline{W_\Delta}$ und $\overline{2\,W_{xy}}$, welche im folgenden als der regionale Teil der Schwerestörung des Meßgebiets definiert werden[1]).

Die beiden Teile des Störungsfeldes werden jetzt getrennt voneinander betrachtet, und zwar beschäftigen wir uns im folgenden Kapitel mit den sich der konstanten Regionalstörung überlagernden Lokalstörungen.

[1]) Selbstverständlich ist eine solche Zerlegung eine rein formale und von den geologischen Ursachen unabhängig.

3. Die technische Durchführung der Berechnungen

Die abgeleiteten Beziehungen gelten um so genauer, je kleiner die Abstände d der betrachteten benachbarten Punkte sind. Die rechnerische Weiterbearbeitung der Isanomalenbilder läßt sich also mit beliebiger Genauigkeit durchführen; jedoch wächst damit in entsprechend stärkerem Maße die dafür aufzuwendende Arbeit, so daß ein praktisch annehmbares Verhältnis der Genauigkeit in der Berechnung zu der dazu erforderlichen Arbeit gesucht werden muß. Die Anwendung der abgeleiteten theoretischen Beziehungen auf praktische Beispiele erfolgt am zweckmäßigsten nach folgendem Schema:

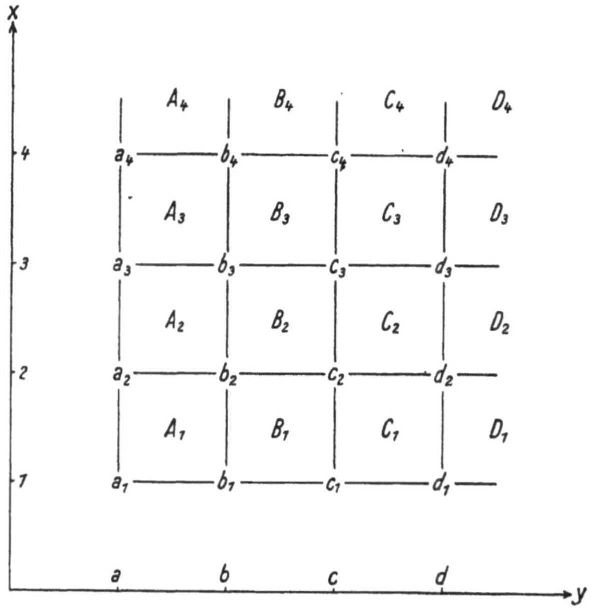

Abb. 5. Bezeichnungen der Punktanordnung

Durch das Untersuchungsgebiet werden in gleichen Abständen d Quer- und Längsprofile ($1, 2, 3 \ldots$ bzw. $a, b, c \ldots$) parallel zu der y- bzw. x-Achse gelegt. Die Eckpunkte der so entstehenden Quadratfelder werden mit $a_1\ a_2\ a_3 \ldots$ bzw. $b_1\ b_2\ b_3 \ldots$ usw. bezeichnet, die Mittelpunkte der einzelnen Felder mit $A_1\ A_2\ A_3 \ldots$ bzw. $B_1\ B_2\ B_3 \ldots$ usw. (Abb. 5). Den Abstand d wählt man je nach der Genauigkeit, welche die betreffenden Isanomalenkarten der Meßgrößen besitzen bzw. mit welcher man die Berechnung durchführen will. (In dem Berechnungsbeispiel wurde d zu 250 m gewählt, was einem praktisch geeigneten Mittelwert entsprechen dürfte.)

a) Die Berechnung der örtlichen Verteilung von W_{zzz}, W_{zzx} und W_{zzy} aus den Isanomalendarstellungen der Drehwaagemeßgrößen

Den Isanomalenkarten entnimmt man die Meßgrößen (in Eötvös-Einh. $= 10^{-9}$ c.g.s.) für die einzelnen Netzpunkte (falls mehrere Isanomalendarstellungen ausgeführt worden sind, nimmt man das Mittel aus den verschiedenen Karten) und stellt sie in 2 Tabellen (Tabelle 1 die Gradienten, Tabelle 4 die Krümmungsgrößen enthaltend) zusammen. Tabelle 1 dient gleichzeitig für die Berechnung von W_{zzz}, Tabelle 4 für die Berechnung von W_{zzx} und W_{zzy}.

In der Tabelle 1 sind an den Eckpunkten der Quadrate die Werte von W_{xz} und W_{yz} (die letzteren der Unterscheidung wegen eingeklammert)[1]) angegeben; die in der Mitte der einzelnen Felder eingetragenen Werte bedeuten die Werte von W_{zzz} in Einheiten von $\frac{10^{-9}}{2d}$ c.g.s. nach der Gleichung (5). Die eingezeichneten Isanomalen beziehen sich auf W_{zzz} und sind in Einheiten von 10^{-13} c.g.s. angegeben.

In der Tabelle 4 sind an den Eckpunkten der Quadrate die Werte von W_Δ und $2W_{xy}$ (die letzteren der Unterscheidung wegen eingeklammert) eingetragen. Die Größen W_{zzx} und W_{zzy} werden nach den Gleichungen (7a, b) für die einzelnen Felder des Quadratnetzes berechnet und auf deren Mittelpunkte bezogen. In dem Berechnungsbeispiel Tabelle 4 sind die Ergebnisse (in Einheiten von $\frac{10^{-9}}{2d}$ c.g.s.) eingetragen (die Werte von W_{zzy} zur Unterscheidung eingeklammert). Die kartenmäßige Eintragung von W_{zzx} und W_{zzy} ist in Form von Pfeilen — analog wie diejenige der Horizontalgradienten der Schwerkraft — möglich, wie sie in Abb. 6 dargestellt ist. Praktisch

[1]) Praktisch benutzt man für die Unterscheidungen am vorteilhaftesten verschiedenfarbige Tinte.

ist eine solche jedoch als überflüssig anzusehen. — Bezeichnen wir die Größe der horizontalen Änderung von W_{zz} pro cm mit G', so ist

$$G' = \sqrt{(W_{zzx})^2 + (W_{zzy})^2}$$

proportional der Länge der eingetragenen Pfeile; diese geben also an, nach welcher Richtung hin und in welchem Maße der Vertikalgradient W_{zz} zunimmt.

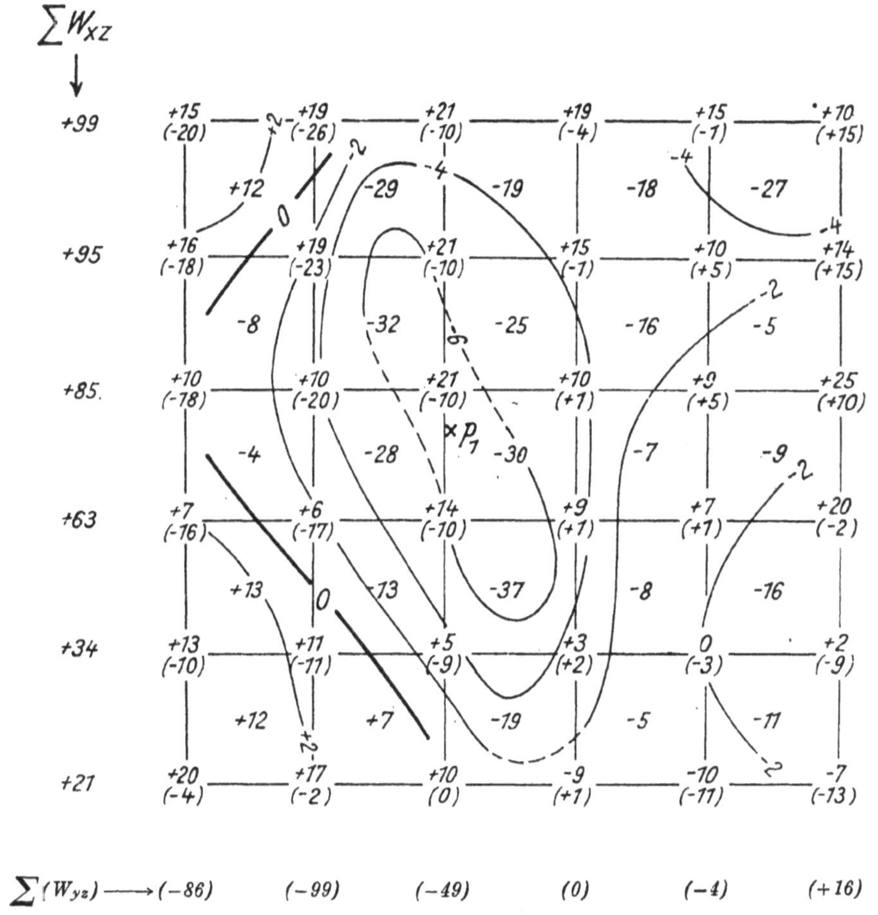

$$\overline{W_{xz}} = \frac{+397}{36} = +11$$

$$\overline{W_{yz}} = \frac{(-222)}{36} = -6$$

Tabelle 1. Verzeichnis der Gradienten W_{xz} und (W_{yz}) (in Einheiten von 10^{-9} c.g.s.), Berechnungsergebnisse von W_{zzz} (in Einheiten von $\frac{10^{-9}}{2d}$ c.g.s.); Isanomalen von W_{zzz} (in Einheiten von 10^{-13} c.g.s.)

In Tabelle 1 sind die Reihensummen von W_{xz} in horizontaler Richtung, die Summen von W_{yz} in vertikaler Richtung und in Tabelle 4 außer den Summen von W_Δ und $2\,W_{xy}$ noch die Reihensummen von W_{zzx} in horizontaler Richtung und diejenigen von W_{zzy} in vertikaler Richtung an den Enden der betreffenden Reihen angegeben. Diese Summen werden später gebraucht (vgl. S. 16).

Die konstanten — den regionalen Teil der Schwerestörung des Meßgebiets darstellenden — Mittelwerte der Drehwaagemeßgrößen sind in den Tabellen 1 und 4 unten eingetragen.

$\sum W_\triangle$ ⟶	+5		−4		+22		+1		−40		−53	$\sum(2W_{xy})$ ↓
$\sum W_{zzx}$ ↓	−7 (+20)		−6 (+10)		+4 (+5)		+19 (+9)		+8 (+12)		+3 (+20)	(+76)
0		+18 (−14)		+5 (−17)		−4 (−28)		−2 (+30)		−17 (+9)		
	−7 (+13)		−6 (+5)		0 (+9)		+20 (+12)		+5 (+13)		+5 (+23)	(+75)
+38		+12 (−6)		−22 (−18)		+18 (+8)		+34 (+8)		−4 (+10)		
	−7 (+9)		−6 (+5)		+10 (+13)		−12 (+14)		0 (+16)		−5 (+25)	(+82)
−34		−17 (−1)		−17 (−5)		−9 (+43)		−2 (+10)		+11 (+7)		
	−4 (+3)		0 (+15)		+7 (+21)		0 (+20)		−12 (+20)		−14 (+21)	(+100)
+9		−24 (+10)		+14 (−36)		+3 (−29)		+7 (+3)		+9 (−3)		
	+10 (+18)		+6 (+10)		0 (−9)		−9 (+5)		−20 (+15)		−21 (+20)	(+59)
−11		+26 (−2)		+16 (−8)		−21 (+25)		−12 (+14)		−20 (+12)		
	+20 (+20)		+8 (−10)		+1 (−10)		−17 (+4)		−21 (+15)		−21 (+31)	(+50)
$\sum(W_{zzy})$ ⟶		(−13)		(−84)		(+19)		(+65)		(+35)		

$$\overline{W_\triangle} = \frac{-69}{36} = -2$$

$$\overline{2W_{xy}} = \frac{(+442)}{36} = +12$$

Tabelle 4. Verzeichnis der Krümmungsgrößen $W_\triangle$ und $(2W_{xy})$ (in Einheiten von 10^{-9} c.g.s.), Berechnungsergebnisse von W_{zzx} und (W_{zzy}) (in Einheiten von $\frac{10^{-9}}{2d}$ c.g.s.)

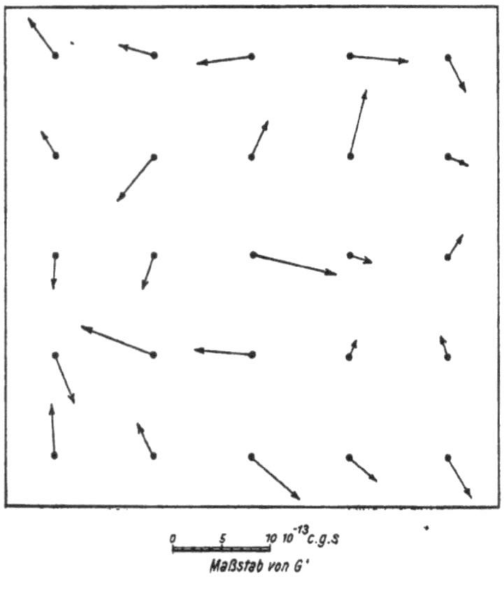

Abb. 6. Richtung und Größe G′ der horizontalen Änderung von W_{zz}

Für das ganze Meßtischblatt W e d d i n g s t e d t ergaben sich als Mittelwerte:

$$\overline{W_{xz}} = +6$$

$$\overline{W_{yz}} = -5$$

$$\overline{W_\triangle} = -3$$

$$\overline{2W_{xy}} = +4$$

Abb. 7 zeigt die in der angegebenen Weise abgeleitete örtliche Verteilung von W_{zzz} auf dem Meßtischblatt WEDDINGSTEDT.

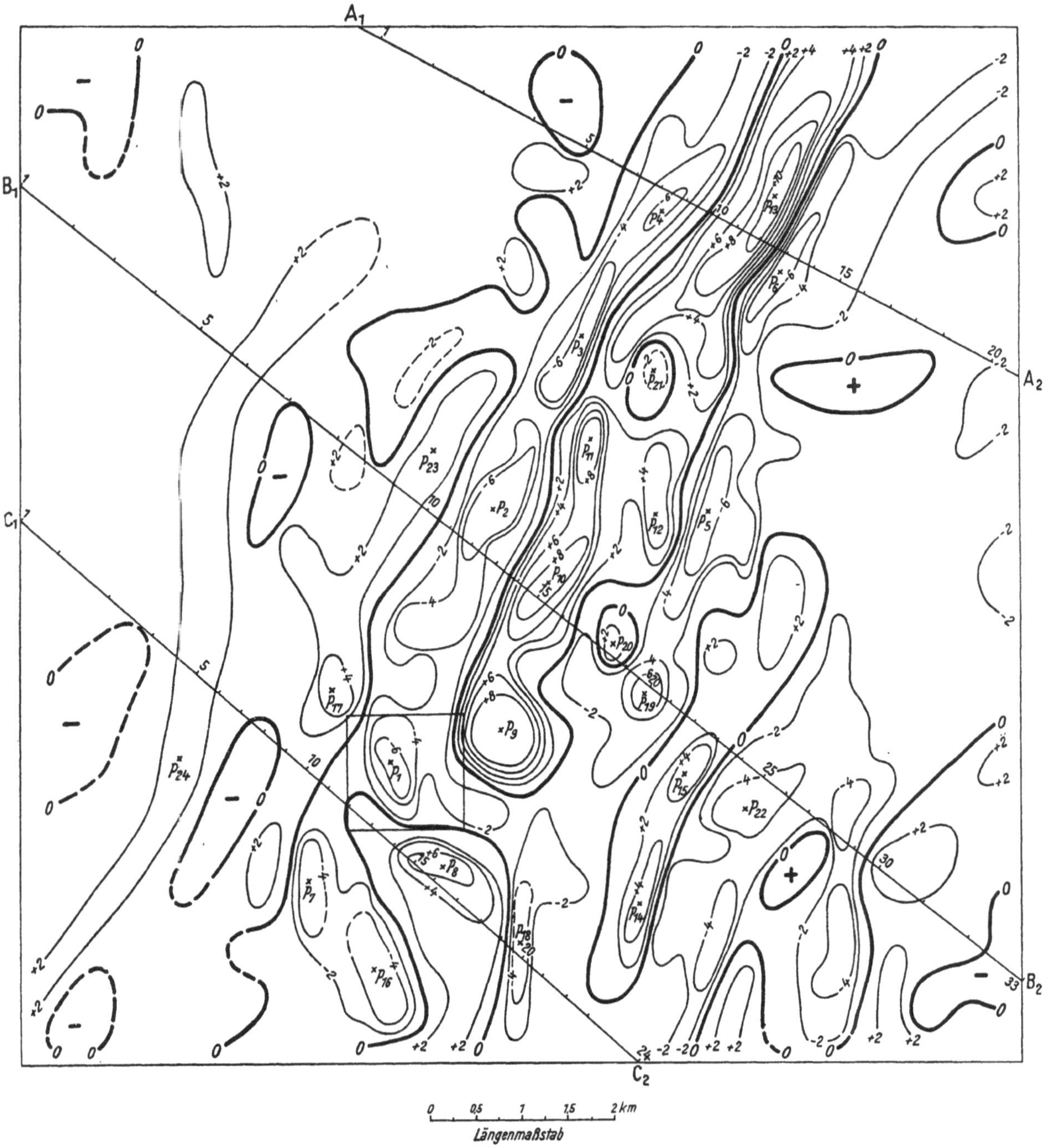

Abb. 7. Die örtliche Verteilung von W_{zzz} auf dem Meßtischblatt Weddingstedt

b) Die Berechnung der örtlichen Verteilung der Schwerkraft W_z aus den Horizontalgradienten W_{xz} und W_{yz}

In Richtung der einzelnen Vertikalprofile *a*, *b*, *c* . . . erhalten wir nach Gleichung (2 c) sukzessive von Punkt zu Punkt fortschreitend für die Schwerkraft W_z bezogen auf den Wert am jeweiligen Profilanfangspunkt

im Profil a: $$(W_z)_\nu = \frac{d}{2} W_{xz} \{(a_1 + a_2) + (a_2 + a_3) + \dots\dots\dots (a_{\nu-1} + a_\nu)\}$$

im Profil b: $$(W_z)_\nu = \frac{d}{2} W_{xz} \{(b_1 + b_2) + (b_2 + b_3) + \dots\dots\dots (b_{\nu-1} + b_\nu)\}$$

entsprechend in den übrigen Vertikalprofilen.

(Dabei bedeuten $W_{xz}\,[a_1 \ldots]$ die Werte von W_{xz} nach Tabelle 1 an den einzelnen Punkten $a_1 \ldots$; entsprechend die übrigen Bezeichnungen.) Die für das Meßgebiet als konstant bestimmten Beträge $\overline{W_{xz}}$ und $\overline{W_{yz}}$ müssen vorher von den in Tabelle 1 angegebenen Werten in Abzug gebracht werden.

In Richtung der einzelnen Horizontalprofile 1, 2, 3... erhalten wir nach Gleichung (2c) sukzessive von Punkt zu Punkt fortschreitend für die Schwerkraft W_z bezogen auf den Wert am jeweiligen Profilanfangspunkt:

im Profil 1: $$(W_z)_\nu = \frac{d}{2} W_{yz} \{(a_1 + b_1) + (b_1 + c_1) + \ldots\ldots\ldots [(\nu - 1)_1 + \nu_1]\}$$

im Profil 2: $$(W_z)_\nu = \frac{d}{2} W_{yz} \{(a_2 + b_2) + (b_2 + c_2) + \ldots\ldots\ldots [(\nu - 1)_2 + \nu_2]\}$$

entsprechend in den übrigen Horizontalprofilen.

Die Ergebnisse werden in der Tabelle 2 zusammengestellt, wobei der Unterscheidung wegen die den Horizontalprofilen entsprechenden Werte eingeklammert werden.

+145			−580							
+58	+22,0	+33	(−232)	+17 (0)	+18 (−34)	+43 (−58)	−26 (−60)	−53 (−53)	+15 (−27)	
+36	+13,3	+29	(−162)	+8 (0)	+2 (−29)	+23 (−50)	−38 (−49)	−56 (−33)	+13 (−1)	
+22	+4,8	+19	(−130)	+4 (0)	−5 (−26)	+3 (−44)	−41 (−41)	−53 (−23)	−4 (+4)	
+18	+7,0	−3	(−117)	+9 (0)	+1 (−21)	−10 (−36)	−38 (−33)	−47 (−19)	−27 (−8)	
+11	+10,7	−32	(−40)	+11 (0)	+6 (−9)	−7 (−17)	−28 (−12)	−32 (−1)	−27 (−1)	
		−45	(+101)	0 (0)	0 (+6)	0 (+16)	0 (+29)	0 (+31)	0 (+19)	
		$\sum W_{xz} - n \cdot \overline{W}_{xz}$								
		$\sum W_z$ →		+49	+22	+52	−171	−241	−30	} −319
		$\sum W_{yz} - n \cdot \overline{W}_{yz}$ }		−50	−63	−13	+36	+32	+52	
	$C_{\nu-(\nu+1)}$ →				−14,3	−17,7	+41,0	+23,0	−21,2	
C_ν →					−14	−32	+9	+32	+11	} +6

$$\overline{W}_z = \frac{1}{36}(-580 - 319) + \frac{1}{6}(+145 + 6) = 0 \text{ in Einh. von } \frac{d}{4} \cdot 10^{-9} \text{ c.g.s.}$$

Tabelle 2. Berechnungstabelle für W_z (in Einheiten von $\frac{d}{2} \cdot 10^{-9}$ c.g.s.); nicht eingeklammerte Werte = Vertikalprofile; eingeklammerte Werte = Horizontalprofile

Die einzelnen Berechnungsprofile werden wie folgt auf gleiches Niveau gebracht:

Um das Vertikalprofil b auf das gleiche Niveau wie das Anfangsprofil a zu bringen, müssen seine Werte um den konstanten Betrag C_{a-b} gehoben werden. Diese Konstante ermitteln wir als mittleren Unterschied aus der Gesamtheit der horizontalen Querverbindungen; d. h. es ist:

$$n \cdot C_{a-b} + W_z\,(b_1 + b_2 + \ldots b_n) - W_z\,(a_1 + a_2 + \ldots a_n)$$
$$= \frac{d}{2} W_{yz}\,[(a_1 + a_2 + \ldots a_n) + (b_1 + b_2 + \ldots b_n)]$$

Daraus folgt:

$$C_{a-b} = \frac{1}{n}\Big\{W_z\,(a_1 + a_2 + \ldots a_n) - W_z\,(b_1 + b_2 + \ldots b_n)$$
$$+ \frac{d}{2} W_{yz}\,[(a_1 + a_2 + \ldots a_n) + (b_1 + b_2 + \ldots b_n)]\Big\} \tag{9 a}$$

In derselben Weise kann man die folgenden Vertikalreihen von W_z auf das Niveau der jeweilig vorangehenden bringen:

$$C_{b-c} = \frac{1}{n}\Big\{W_z\,(b_1 + b_2 + \ldots b_n) - W_z\,(c_1 + c_2 + \ldots c_n)$$
$$+ \frac{d}{2} W_{yz}\,[(b_1 + b_2 + \ldots b_n) + (c_1 + c_2 + \ldots c_n)]\Big\} \tag{9 b}$$

usw.

n bedeutet also die jeweilige Anzahl der Querverbindungen. Die Summen $\sum W_z$ sind in Tabelle 2 am unteren Ende der einzelnen Vertikalreihen angegeben, diejenigen von W_{yz} vermindert um $n\overline{W_{yz}}$ sind der Tabelle 1 zu entnehmen.

Die Niveaukonstanten für die einzelnen vertikalen Berechnungsreihen, um sie gemeinsam auf das Niveau des ersten Profils a zu bringen, sind dann:

$$C_b = C_{a-b}$$
$$C_c = C_b + C_{b-c}$$
$$C_d = C_c + C_{c-d}$$

usw.

Die Berechnung der Niveaukonstanten wird in Tabelle 2 unten durchgeführt, z. B.

$$C_{a-b} = \frac{1}{6}\{(+49) - (+22) + (-50) + (-63)\} = -14{,}3$$

$$C_{b-c} = \frac{1}{6}\{(+22) - (+52) + (-63) + (-13)\} = -17{,}7$$

usw.

Die Niveaukonstanten selbst sind in der untersten Reihe angegeben (auf volle Zahlen abgerundet).

Der Berechnungsgang für die Niveaukonstanten der Horizontalprofile, welche zu den einzelnen Reihen hinzugefügt werden müssen, um sie auf das gleiche Niveau des Anfangsprofils zu bringen, ist ganz entsprechend:

$$C_{1-2} = \frac{1}{n}\Big\{(W_z)\,(a_1 + b_1 + \ldots) - (W_z)\,(a_2 + b_2 + \ldots)$$
$$+ \frac{d}{2} W_{xz}\,[(a_1 + b_1 + \ldots) + (a_2 + b_2 + \ldots)]\Big\} \tag{10 a}$$

$$C_{2-3} = \frac{1}{n}\Big\{(W_z)\,(a_2 + b_2 + \ldots) - (W_z)\,(a_3 + b_3 + \ldots)$$
$$+ \frac{d}{2} W_{xz}\,[(a_2 + b_2 + \ldots) + (a_3 + b_3 + \ldots)]\Big\} \tag{10 b}$$

usw.

Die Summen $\sum(W_z)$ sind in Tabelle 2 an der linken Seite der einzelnen Horizontalreihen angegeben, diejenigen von W_{xz} sind unter Abzug des Betrages $n \cdot \overline{W_{xz}}$ der Tabelle 1 zu entnehmen.

Die endgültigen Niveaukonstanten sind dann:

$$C_2 = C_{1-2}$$
$$C_3 = C_2 + C_{2-3}$$
$$C_4 = C_3 + C_{3-4}$$
usw.

Die Berechnung wird an der linken Seite der Tabelle 2 ausgeführt; die endgültigen Niveaukonstanten für die horizontalen Berechnungsreihen sind in der linken Reihe angegeben.

Die Berechnungsergebnisse von W_z sind mit der Anbringung der (auf volle Zahlen abgerundeten) Niveaukonstanten gleichmäßig auf das Niveau des Anfangspunktes a_1 gebracht. Die Summe aus den beiden Werten ergibt für jeden einzelnen Netzpunkt den Wert der Schwerkraft W_z in Einheiten von $\frac{d}{4} \cdot 10^{-9}$ c.g.s. (Tabelle 3). Die Isanomalen von W_z können danach ohne weiteres gezogen werden. Der Basiswert für die Nullkurve der Schwerestörung ist beliebig; am zweckmäßigsten wählen wir dafür den mittleren Schwerewert des Untersuchungsgebiets. Das wäre also in Tabelle 3 die Gesamtsumme von W_z dividiert durch die Anzahl der Netzpunkte. Man findet den mit $\overline{W_z}$ bezeichneten Mittelwert mit Hilfe der Tabelle 2 (die Rechnung wird auf Tabelle 2 unten durchgeführt):

Bedeutet n_1 die Zahl der Vertikalprofile, n_2 diejenige der Horizontalprofile, so ist:

$$\overline{W_z} = \frac{1}{n_1 \cdot n_2}\left\{\sum W_z + \sum(W_z)\right\} + \frac{1}{n_2}(C_b + C_c + \ldots) + \frac{1}{n_1}(C_2 + C_3 + \ldots) \tag{11}$$

in Einheiten der Tabelle 3. Die Gesamtsummen von W_z, (W_z), $C_b \ldots$, $C_2 \ldots$ sind an den Enden der betreffenden Reihen der Tabelle 2 angegeben. Dem Zahlenbeispiel nach ist:

$$\overline{W_z} = \frac{1}{36}\left\{(-319) + (-580)\right\} + \frac{1}{6}(+6) + \frac{1}{6}(+145) = 0$$

(in Einheiten von $\frac{d}{4} \cdot 10^{-9}$ c.g.s.). Die Isanomalen von W_z zeigen dann also die örtlichen Schwerestörungen relativ zum mittleren Schwerewert des Untersuchungsgebiets. (Am zweckmäßigsten wird die Berechnung von $\overline{W_z}$ vor der Aufstellung der Tabelle 3 vorgenommen, so daß diese bereits die Werte von W_z bezogen auf den Mittelwert des Meßgebiets angibt.)

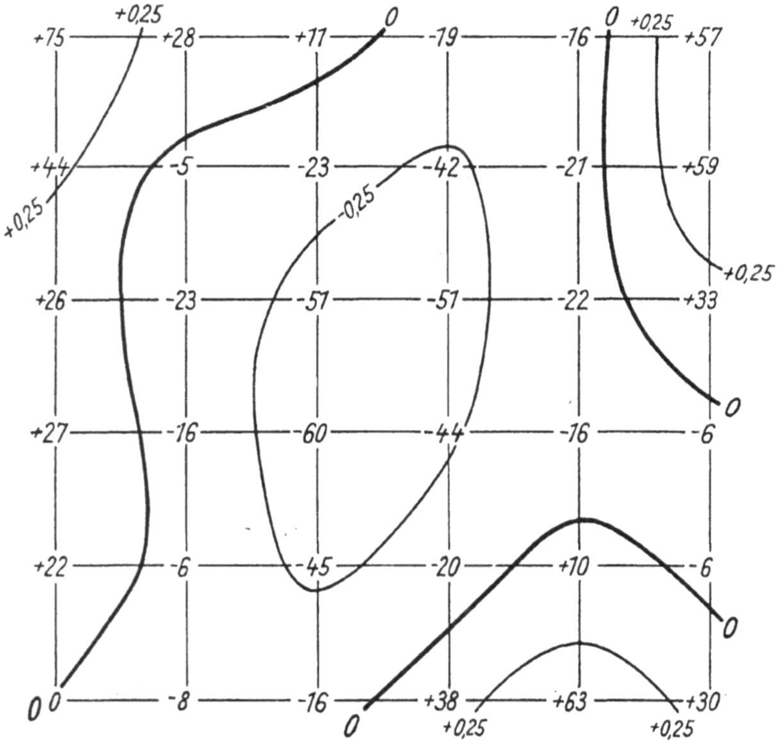

Tabelle 3. Berechnungsergebnisse von W_z (in Einheiten von $\frac{d}{4} \cdot 10^{-9}$ c.g.s.), Isanomalen in mgal.

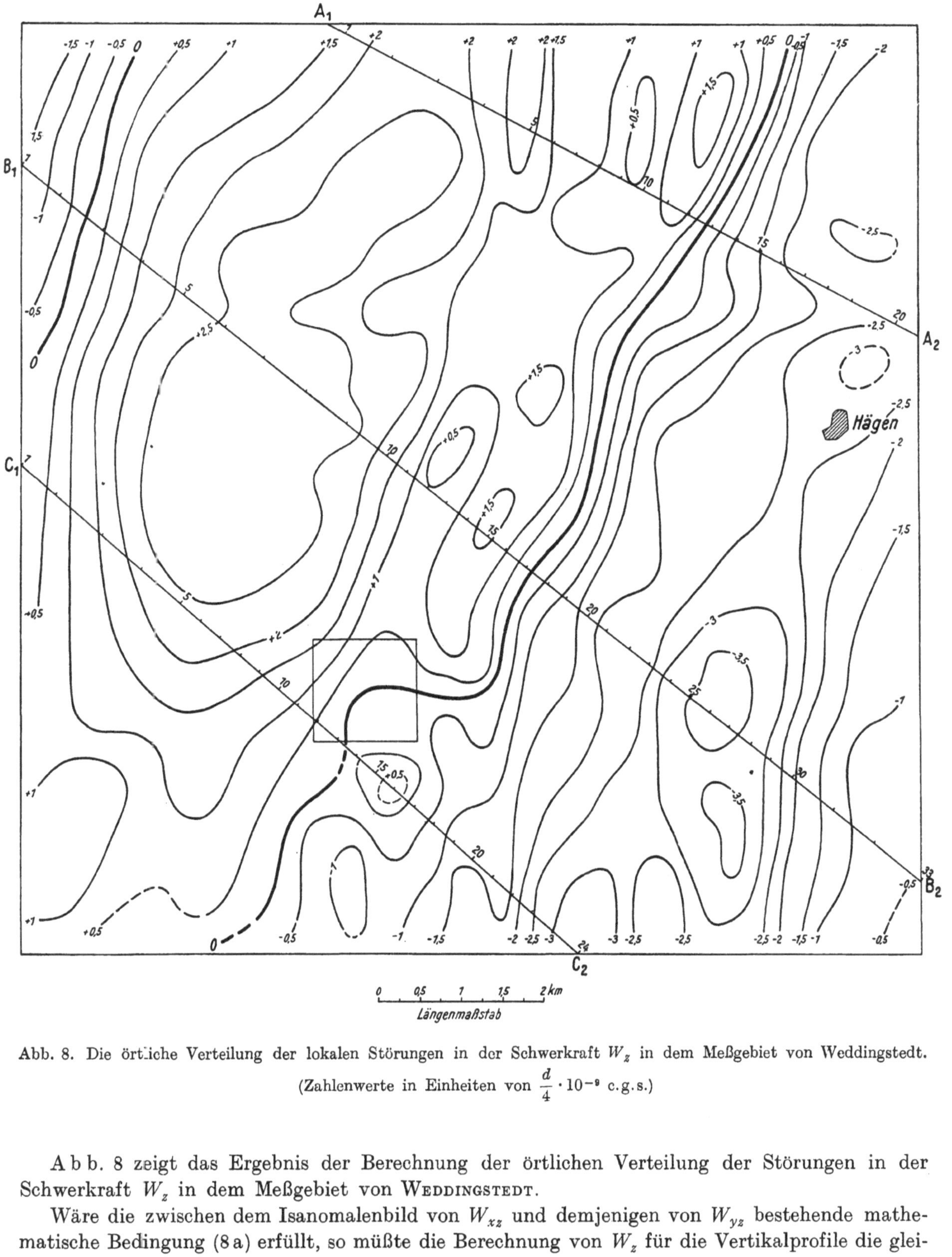

Abb. 8. Die örtliche Verteilung der lokalen Störungen in der Schwerkraft W_z in dem Meßgebiet von Weddingstedt. (Zahlenwerte in Einheiten von $\frac{d}{4} \cdot 10^{-9}$ c.g.s.)

Abb. 8 zeigt das Ergebnis der Berechnung der örtlichen Verteilung der Störungen in der Schwerkraft W_z in dem Meßgebiet von Weddingstedt.

Wäre die zwischen dem Isanomalenbild von W_{xz} und demjenigen von W_{yz} bestehende mathematische Bedingung (8a) erfüllt, so müßte die Berechnung von W_z für die Vertikalprofile die gleichen Resultate ergeben wie diejenige nach den Horizontalprofilen. Praktisch ist das aber — wie es, da die beiden Isanomalenkonstruktionen vollkommen unabhängig voneinander durchgeführt werden, nicht anders zu erwarten ist — nicht der Fall, und es ergeben sich erhebliche Differenzen. Die Werte von W_z nach Tabelle 3 bedeuten dann also die Endwerte, welche einer für das ganze Meßgebiet gleichmäßigen Ausgleichung der Diskrepanzen entsprechen.

c) *Die Konstruktion der Isanomalen von W_{zz}*

Nach Gleichung (3f) findet man für die Mittelpunkte der einzelnen Quadrate durch sukzessives Fortschreiten in vertikaler Richtung die Größe des Vertikalgradienten W_{zz} relativ zu dem Wert an dem jeweiligen Profilanfangspunkt:

im Profil A: $$(W_{zz})_\nu = \frac{d}{2} W_{zzx} \left\{(A_1 + A_2) + (A_2 + A_3) + \ldots (A_{\nu-1} + A_\nu)\right\}$$

entsprechend in den übrigen Vertikalprofilen.

In gleicher Weise ergibt sich W_{zz} für die einzelnen Horizontalprofile nach der Gleichung:

in Profil 1: $$(W_{zz})_\nu = \frac{d}{2} W_{zzy} \left\{(A_1 + B_1) + (B_1 + C_1) + \ldots [(\nu - 1)_1 + \nu_1]\right\}$$

usw. in den übrigen Horizontalprofilen.

Die Werte für W_{zzx} und W_{zzy} sind in Einheiten von $\frac{10^{-9}}{2d}$ c.g.s. aus der Tabelle 4 zu entnehmen. Die Ergebnisse der Berechnung von W_{zz} werden in der Tabelle 5 zusammengestellt, wobei der Unterscheidung wegen die den Horizontalprofilen entsprechenden Werte eingeklammert werden.

+171			−315						
+69	+35,6	0	(−216)	−14 (0)	−29 (−31)	−1 (−76)	+64 (−74)	−5 (−35)	
+34	+58,6	+38	(−76)	−44 (0)	−12 (−24)	−15 (−34)	+32 (−18)	+16 (0)	
−25	−117,8	−34	(+213)	−39 (0)	+27 (−6)	−24 (+32)	0 (+85)	+9 (+102)	
+93	+92,8	+9	(−351)	+2 (0)	+30 (−26)	−18 (−91)	−5 (−117)	−11 (−117)	
↑	↑	−11	(+115)	0 (0)	0 (−10)	0 (+7)	0 (+46)	0 (+72)	
		$\sum W_{zzx}$	$\sum W_{zz}$ →	−95	+16	−58	+91	+9	} −37
			$\sum W_{zzy}$ →	−13	−84	+19	+65	+35	
	$C_{\nu-(\nu+1)}$ →				−41,6	+1,8	−13,0	+36,4	
C_ν →					−42	−40	−53	−16	} −151

$$\overline{W_{zz}} = \frac{1}{25}(-315 - 37) + \frac{1}{5}(+171 - 151) = -10 \text{ in Einh. von } \frac{10^{-9}}{8} \text{ c.g.s.}$$

Tabelle 5. Berechnungstabelle für W_{zz} (in Einheiten von $\frac{10^{-9}}{4}$ c.g.s.) (nicht eingeklammerte Werte = Vertikalprofile; eingeklammerte Werte = Horizontalprofile)

Die einzelnen Berechnungsprofile werden in genau derselben Weise auf gleiches Niveau gebracht, wie es auf S. 17 für die Berechnung von W_z beschrieben worden ist. In den Gleichungen (9) und (10) sind sinngemäß zu ersetzen:

$$W_z \text{ durch } W_{zz}$$
$$W_{xz} \;\;,, \;\; W_{zzx}$$
$$W_{yz} \;\;,, \;\; W_{zzy}$$

und a, b, c usw. durch A, B, C usw.

Die Summen $\sum W_{zz}$ bzw. $\sum (W_{zz})$ sind am unteren Ende der Vertikalprofile bzw. am linken Ende der Horizontalprofile der Tabelle 5 angegeben; die Summen $\sum W_{zzx}$ und $\sum W_{zzy}$ sind aus der Tabelle 4 zu entnehmen. Die mit den entsprechenden Werten sich nach den Gleichungen (9) und (10) ergebenden endgültigen Niveaukonstanten sind für die Vertikalprofile am unteren Ende, für die Horizontalprofile an der linken Seite der einzelnen Reihen in Tabelle 4 angegeben. Die Berechnung von $\overline{W_{zz}}$ entsprechend Gleichung (11) ist unten angegeben.

Nach Anbringung der Niveaukonstanten und unter Berücksichtigung des Basiswertes $\overline{W_{zz}}$ ergibt die Summe der beiden Werte für jeden Berechnungspunkt den endgültigen Wert von W_{zz} in Einheiten von $\frac{10^{-9}}{8}$ c.g.s. bezogen auf den für das Meßgebiet geltenden mittleren Wert des Vertikalgradienten. Die Endwerte sind in Tabelle 6 zusammengestellt. Die Differenzen zwischen den beiden Einzelwerten nach den Berechnungen in vertikaler und in horizontaler Richtung, welche darauf beruhen, daß die durch Gleichung (8 b) ausgedrückte Zwangsbedingung zwischen den Isanomalenbildern von W_Δ und $2W_{xy}$ praktisch nicht erfüllt wird, sind dadurch für das ganze Meßgebiet gleichmäßig ausgeglichen. Die Isanomalen von W_{zz} können danach ohne weiteres gezogen werden.

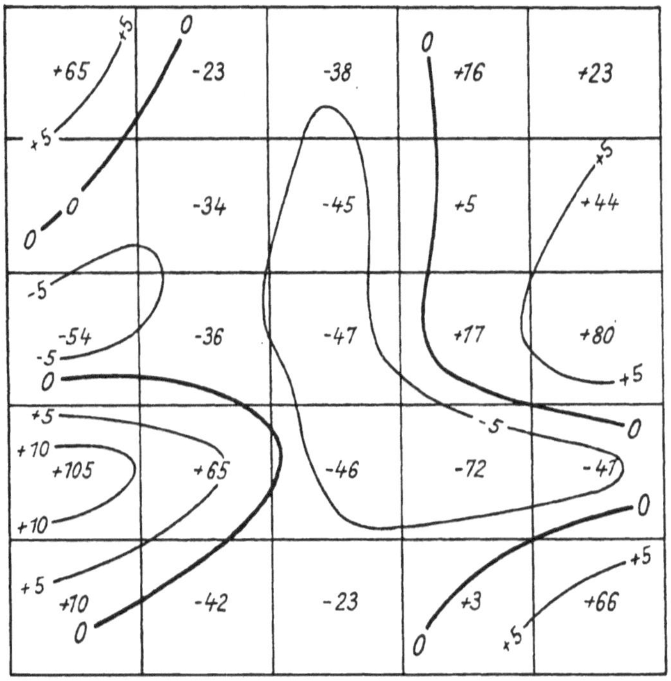

Tabelle 6. Berechnungsergebnisse von W_{zz} (in Einheiten von $\frac{10^{-9}}{8}$ c.g.s.).
Isanomalen in Einheiten von 10^{-9} c.g.s.

A b b. 9 zeigt das Ergebnis der Berechnung der örtlichen Verteilung des Vertikalgradienten W_{zz} in dem Meßgebiet WEDDINGSTEDT[1]).

[1]) Die örtliche Verteilung des h o r i z o n t a l e n Schweregradienten in dem Teilgebiet von BORGHOLZ ist aus der Karte 1 a zu ersehen.

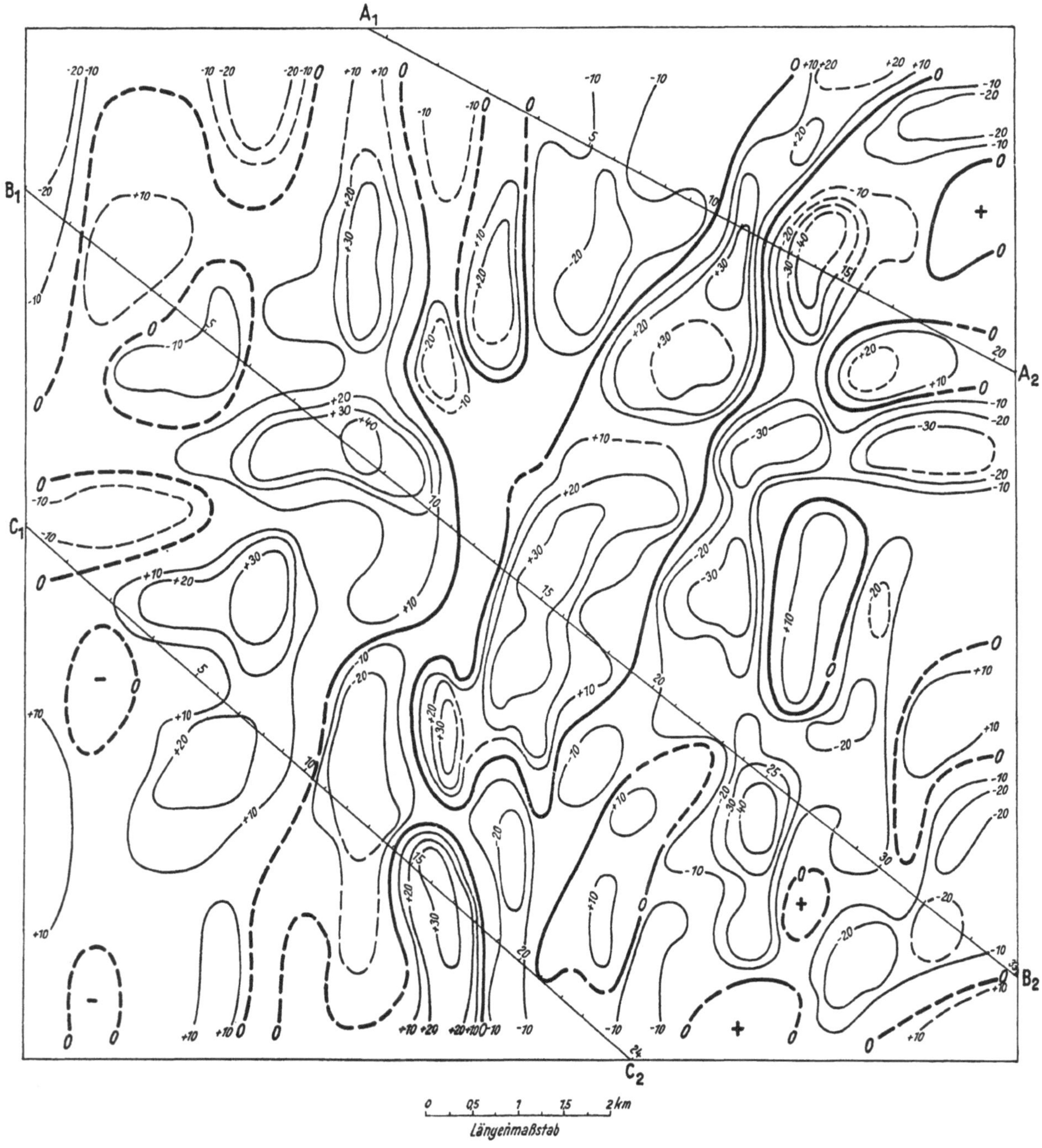

Abb. 9. Die örtliche Verteilung des vertikalen Schweregradienten W_{zz} in dem Meßgebiet von Weddingstedt

d) Die Berechnung der örtlichen Verteilung der Lotstörungskomponenten

Die Kenntnis der örtlichen Verteilung des vertikalen Schweregradienten W_{zz} liefert uns für jeden Punkt des Untersuchungsgebiets mit Hilfe der Laplaceschen Gleichung (s. S. 9) die nach der bisherigen Drehwaagetheorie noch unbekannten zweiten Differentialquotienten des Schwerepotentials W_{xx} und W_{yy}:

$$\left.\begin{aligned} W_{xx} &= -\frac{1}{2}\,(W_{zz} + W_{\Delta}) \\ W_{yy} &= -\frac{1}{2}\,(W_{zz} - W_{\Delta}) \end{aligned}\right\} \qquad (12)$$

Für die Berechnung von W_x und W_y stellen wir zunächst aus den Tabellen 4 und 6 eine Hilfstabelle (Tabelle 7) auf, welche in Einheiten von 10^{-9} c. g. s. die Werte von W_{xx}, W_{yy} [entsprechend den Gleichungen (12)] und W_{xy} bezogen auf den Mittelpunkt eines jeden Quadratfeldes enthält (wobei für W_Δ und $2W_{xy}$ die Mittel aus den Werten an den vier Eckpunkten zu bilden sind). Zu beachten ist, daß die konstanten Werte $\overline{W_\Delta}$ und $\overline{2W_{xy}}$ vorher in Abzug zu bringen sind. Die in den einzelnen Feldern der Tabelle 7 eingetragenen Größen bedeuten also:

der obere, nicht eingeklammerte Wert . . . . . . $= W_{xx}$
der mittlere, einfach eingeklammerte Wert . . . . $= W_{yy}$
der untere, doppelt eingeklammerte Wert . . . . $= W_{xy}$

An den Enden der einzelnen Vertikal- und Horizontalreihen sind die Summen $\sum W_{yy}$, $\sum W_{xx}$ und $\sum W_{xy}$ angegeben, welche im folgenden gebraucht werden.

$\sum W_{yy}$ →	(−4)	(+13)	(+23)	(−3)	(−27)	$\sum W_{xx}$ ↓
((−2))	−2 (−6) ((0))	+2 (+2) ((−2))	−4 (+9) ((−2))	−8 (+6) ((0))	−5 (+2) ((+2))	−17
((+1))	+2 (−2) ((−2))	+1 (+3) ((−2))	0 (+6) ((0))	−3 (+2) ((+1))	−4 (−2) ((+4))	−4
((+7))	+4 (+2) ((−2))	0 (+4) ((+1))	+2 (+4) ((+2))	+1 (−3) ((+3))	−2 (−8) ((+3))	+5
((+4))	−9 (−4) ((0))	−6 (−2) ((−1))	+2 (+4) ((−1))	+8 (0) ((+2))	+10 (−5) ((+4))	+5
((−13)) ↑	−7 (+6) ((−1))	0 (+6) ((−8))	+4 (0) ((−7))	+8 (−8) ((−1))	+6 (−14) ((+4))	+11
$\sum W_{xy}$ →	((−9))	((−12))	((−8))	((+5))	((+17))	

Tabelle 7. Die Werte von W_{xx} (nicht eingeklammert), W_{yy} (einfach eingeklammert) und W_{xy} (doppelt eingeklammert) bezogen auf die Mittelpunkte der einzelnen Quadratfelder (in Einheiten von 10^{-9} c. g. s.)

1. Die Berechnung von W_x:

In Richtung der einzelnen Vertikalprofile erhalten wir nach Gleichung (2a) sukzessive von Punkt zu Punkt fortschreitend für W_x bezogen auf den Wert am jeweiligen Profilanfangspunkt:

in Profil A: $$(W_x)_\nu = \frac{d}{2} W_{xx} \left\{(A_1 + A_2) + (A_2 + A_3) + \dots\dots\dots (A_{\nu-1} + A_\nu)\right\}$$

entsprechend in den übrigen Vertikalprofilen.

In gleicher Weise ergibt sich W_x für die einzelnen Horizontalprofile:

im Profil 1: $$(W_x)_\nu = \frac{d}{2} W_{xy} \{(A_1 + B_1) + (B_1 + C_1) + \ldots\ldots\ldots [(\nu - 1)_1 + \nu_1]\}$$

usw. in den übrigen Horizontalprofilen.

Die Ergebnisse der Berechnung von W_x werden in der Tabelle 8 zusammengestellt, wobei wieder der Unterscheidung wegen die den Horizontalprofilen entsprechenden Werte eingeklammert werden.

+65			−112						
+17	−2,8	−17	(−22)	−15 (0)	−8 (−2)	+8 (−6)	+12 (−8)	+9 (−6)	
+20	+7,4	−4	(−15)	−15 (0)	−11 (−4)	+12 (−6)	+23 (−5)	+18 (0)	
+13	−2,6	+5	(+21)	−21 (0)	−12 (−1)	+10 (+2)	+25 (+7)	+24 (+13)	
+15	+15,2	+5	(−2)	−16 (0)	−6 (−1)	+6 (−3)	+16 (−2)	+16 (+4)	
↑	↑	+11	(−94)	0 (0)	0 (−9)	0 (−24)	0 (−32)	0 (−29)	
		↑ $\sum W_{xx}$	↑ $\sum W_x$ →	−67	−37	+36	+76	+67	} +75
			$\sum W_{xy}$ →	−9	−12	−8	+5	+17	
	$C_{\nu-(\nu+1)}$ →				−10,2	−18,6	−8,6	+6,2	
C_ν →					−10	−29	−37	−31	} −107

$$\overline{W_x} = \frac{1}{25}(-112 + 75) + \frac{1}{5}(+65 - 107) = -10 \text{ in Einh. von } \frac{d}{4} \cdot 10^{-9} \text{ c.g.s.}$$

Tabelle 8. Berechnungstabelle für W_x (in Einheiten von $\frac{d}{2} \cdot 10^{-9}$ c.g.s.) (nicht eingeklammerte Werte = Vertikalprofile, eingeklammerte Werte = Horizontalprofile)

Um die einzelnen Berechnungsprofile auf gleiches Niveau zu bringen, wird das gleiche Schema benutzt, wie es auf S. 17 bei der Berechnung von W_z beschrieben worden ist. In den Gleichungen (9) und (10) sind sinngemäß zu ersetzen:

W_z durch W_x
W_{xz} „ W_{xx}
W_{yz} „ W_{xy}
und a, b, c usw. „ A, B, C usw.

Die mit den entsprechenden Werten sich nach den Gleichungen (9) und (10) ergebenden endgültigen Niveaukonstanten sind für die Vertikalprofile unten, für die Horizontalprofile an der linken Seite der einzelnen Reihen angegeben. Das Ergebnis der Berechnung von $\overline{W_x}$ entsprechend Gleichung (11) steht ebenfalls unten.

Nach Anbringung der Niveaukonstanten und unter Berücksichtigung des Basiswertes $\overline{W_x}$ ergibt die Summe der beiden Werte für jeden Berechnungspunkt den endgültigen Störungswert von W_x in Einheiten von $\frac{d}{4} \cdot 10^{-9}$ c.g.s. bezogen auf den Mittelwert des Meßgebiets. Die Endwerte sind in Tabelle 10 eingetragen (nicht eingeklammerte Werte in der Mitte der Quadratfelder).

2. Die Berechnung von W_y:

In Richtung der einzelnen Vertikalprofile erhalten wir nach Gleichung (2b) sukzessive von Punkt zu Punkt fortschreitend für W_y bezogen auf den Wert am jeweiligen Profilanfangspunkt:

in Profil A: $$(W_y)_\nu = \frac{d}{2} W_{xy} \{(A_1 + A_2) + (A_2 + A_3) + \ldots\ldots\ldots (A_{\nu-1} + A_\nu)\}$$

entsprechend in den übrigen Vertikalprofilen.

In gleicher Weise ergibt sich W_y für die einzelnen Horizontalprofile nach der Gleichung:

in Profil 1: $$(W_y)_\nu = \frac{d}{2} W_{yy} \{(A_1 + B_1) + (B_1 + C_1) + \ldots\ldots\ldots [(\nu - 1)_1 + \nu_1]\}$$

entsprechend in den übrigen Horizontalprofilen.

Die Ergebnisse der Berechnung von W_y werden in der Tabelle 9 zusammengestellt (die den Horizontalprofilen entsprechenden Werte sind wieder eingeklammert).

-1			+154						
-4	-1,8	-2	(+55)	-9 (0)	-14 (-4)	-7 (+7)	+11 (+22)	+28 (+30)	
-2	0	+1	(+47)	-7 (0)	-10 (+1)	-5 (+10)	+10 (+18)	+22 (+18)	
-2	-8,6	+7	(+39)	-3 (0)	-9 (+6)	-7 (+14)	+6 (+15)	+15 (+4)	
+7	+6,8	+4	(-15)	-1 (0)	-9 (-6)	-8 (-4)	+1 (0)	+8 (-5)	
↑	↑	-13	(+28)	0 (0)	0 (+12)	0 (+18)	0 (+10)	0 (-12)	
		$\sum W_{xy}$	$\sum W_y$ →	-20	-42	-27	+28	+73	}+12
			$\sum W_{yy}$ →	-4	+13	+23	-3	-27	
	$C_{\nu-(\nu+1)}$ →				+6,2	+4,2	-7,0	-15,0	
C_ν →					+6	+10	+3	-12	}+7

$$\overline{W_y} = \frac{1}{25}(+154 + 12) + \frac{1}{5}(-1 + 7) = +8 \text{ in Einh. von } \frac{d}{4} \cdot 10^{-9} \text{ c.g.s.}$$

Tabelle 9. Berechnungstabelle für W_y (in Einheiten von $\frac{d}{2} \cdot 10^{-9}$ c.g.s.) (nicht eingeklammerte Werte = Vertikalprofile, eingeklammerte Werte = Horizontalprofile)

Die einzelnen Berechnungsprofile werden wieder nach dem gleichen Schema von S. 17 auf gleiches Niveau gebracht. Es sind in Gleichung (9) und (10) entsprechend zu ersetzen:

$$
\begin{array}{rcl}
W_z & \text{durch} & W_y \\
W_{xz} & ,, & W_{xy} \\
W_{yz} & ,, & W_{yy} \\
\text{und } a,\ b,\ c \text{ usw.} & ,, & A,\ B,\ C \text{ usw.}
\end{array}
$$

In Tabelle 9 sind die endgültigen Niveaukonstanten für die Vertikalprofile wieder unten, diejenigen für die Horizontalprofile an der linken Seite der einzelnen Reihen angegeben. Die Summen der sich nach den beiden Berechnungswegen ergebenden Werte nach Anbringung der Niveaukonstanten ergibt unter Berücksichtigung des Basiswertes $\overline{W_y}$ für jeden Berechnungspunkt den endgültigen Wert von W_y in Einheiten von $\frac{d}{4} \cdot 10^{-9}$ c.g.s. bezogen auf den für das Untersuchungsgebiet geltenden mittleren Wert; die Endwerte sind ebenfalls in der Tabelle 10 eingetragen (eingeklammerte Werte in der Mitte der Quadratfelder).

+11	+12 (−21)	+7 (−24)	0 (−2)	−6 (+24)	−1 (+34)
+14	+15 (−17)	+5 (−13)	+7 (+5)	+11 (+21)	+17 (+18)
−2	+2 (−13)	0 (−7)	+6 (+7)	+18 (+14)	+29 (−3)
−22	+9 (−2)	+8 (−10)	−1 (−3)	+2 (+3)	+14 (−10)
−5	+10 (−8)	−9 (+10)	−43 (+20)	−59 (+5)	−50 (−32)
↑ $\sum W_y$					
$\sum W_x \longrightarrow$	+48	+11	−31	−34	+9

Tabelle 10. Berechnungswerte von W_x (nicht eingeklammert) und W_y (eingeklammert) (in Einheiten von $\frac{d}{4} \cdot 10^{-9}$ c.g.s.)

Die Größen

$$\varepsilon_x = \frac{W_x}{g} \quad \text{und} \quad \varepsilon_y = \frac{W_y}{g}$$

bedeuten dann die beiden Lotstörungskomponenten relativ zu der mittleren Lotrichtung des Untersuchungsgebiets; umgerechnet in Bogensekunden ($g_0 = 981$ c.g.s.):

$$\varepsilon_x = W_x \cdot 212'' \quad \text{und} \quad \varepsilon_y = W_y \cdot 212''$$

Kartenmäßig kann man die örtlichen Lotstörungen für die einzelnen Berechnungspunkte in Form von Pfeilen eintragen, wie es in Abb. 10 durchgeführt worden ist[1]). Doch ist diese Darstellungsweise sehr umständlich und hat praktisch wenig Wert; die tabellarische Zusammenstellung in Tabelle 10 kann als ausreichend angesehen werden.

e) Die Bestimmung der lokalen Formen des Geoids

Der Verlauf der örtlichen Verzerrungen des Geoids, d. h. der Abweichungen der Niveauflächen von der durch die Regionalstörung bedingten Form, ergibt sich aus der Isanomalendarstellung des Schwerepotentials W. Nach Gleichung (1) erhalten wir sukzessive in Richtung der einzelnen Vertikalprofile von

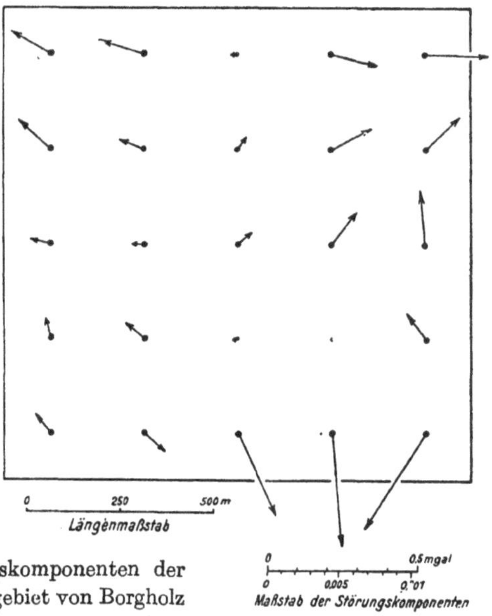

Abb. 10. Die horizontalen Störungskomponenten der Schwerkraft (Lotstörungen) im Meßgebiet von Borgholz

+137			−209						
+53	+25,6	+11	(−156)	+74 (0)	+24 (−45)	−19 (−71)	−3 (−49)	+69 (+9)	
+27	+7,6	+14	(−53)	+47 (0)	+12 (−30)	−26 (−38)	−8 (−12)	+53 (+27)	
+19	−18,2	−2	(−27)	+30 (0)	+7 (−20)	−39 (−20)	−37 (+1)	+7 (+12)	
+38	+37,6	−22	(−94)	+19 (0)	−1 (−12)	−44 (−25)	−57 (−25)	−36 (−32)	
↑	↑	−5	(+121)	0 (0)	0 (+2)	0 (+32)	0 (+57)	0 (+30)	
		$\sum W_y$	$\sum W$ →	+170	+42	−128	−105	+93	} +72
			$\sum W_x$ →	+48	+11	−31	−34	+9	
	$C_{\nu-(\nu+1)}$ →				+37,4	+30,0	−17,6	−44,6	
C_ν →					+37	+67	+50	+5	} +159

$$\overline{W} = \frac{1}{25}(-209+72) + \frac{1}{5}(+137+159) = +54 \text{ in Einh. von } \frac{d^2}{16} \cdot 10^{-9} \text{ c.g.s.}$$

Tabelle 11. Berechnungstabelle für W (in Einheiten von $\frac{d^2}{8} \cdot 10^{-9}$ c.g.s.) (eingeklammerte Werte = Horizontalprofile, nicht eingeklammerte = Vertikalprofile)

[1]) Vgl. auch das Meßbeispiel von GIFHORN [3] Abb. 5, S. 298.

Punkt zu Punkt fortschreitend für den Potentialwert W bezogen auf den Wert am jeweiligen Profilanfangspunkt:

in Profil A: $$(W)_\nu = \frac{d}{2} W_x \{(A_1 + A_2) + (A_2 + A_3) + \ldots\ldots\ldots (A_{\nu-1} + A_\nu)\}$$

entsprechend in den übrigen Vertikalprofilen.

Analog ergibt sich für die einzelnen Horizontalprofile:

in Profil 1: $$(W)_\nu = \frac{d}{2} W_y \{(A_1 + B_1) + (B_1 + C_1) + \ldots\ldots\ldots [(\nu - 1)_1 + \nu_1]\}$$

entsprechend in den übrigen Horizontalprofilen.

Bei den in Tabelle 11 zusammengestellten Ergebnissen sind wieder die den Horizontalprofilen entsprechenden Werte durch Einklammerung unterschieden.

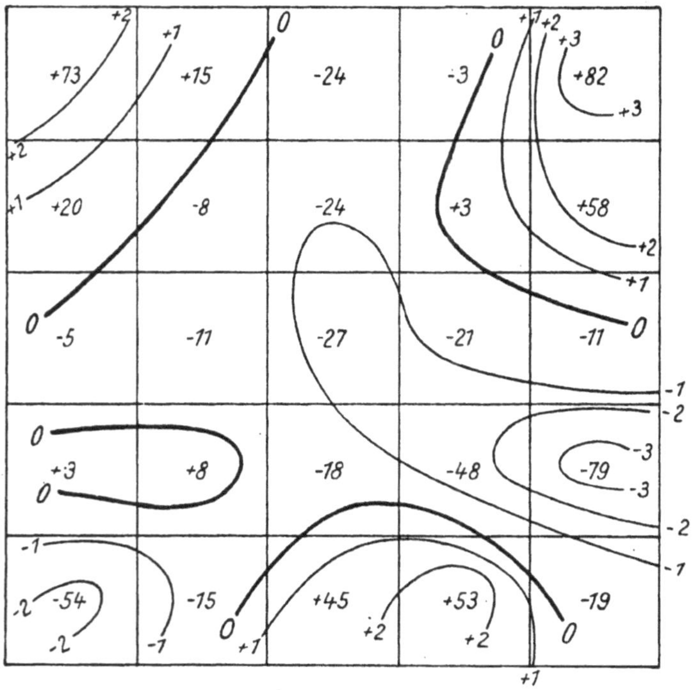

Tabelle 12. Berechnungsergebnisse von W (in Einheiten von $\frac{d^2}{16} \cdot 10^{-9}$ c.g.s.). Isamonalen der Abweichungen der Niveaufläche gegen die mittlere Horizontalebene in Einheiten von 10^{-3} cm

Um die einzelnen Berechnungsprofile nach dem auf S. 17 angegebenen Schema auf gleiches Niveau zu bringen, ist in den Gleichungen (9) und (10) sinngemäß zu ersetzen:

W_z durch W

W_{xz} „ W_x

W_{yz} „ W_y

und a, b, c usw. „ A, B, C usw.

Die Summen $\sum W$ bzw. $\sum (W)$ sind in Tabelle 11, die Summen $\sum W_x$ und $\sum W_y$ in Tabelle 10 an den Enden der betreffenden Profile angegeben. Die Niveaukonstanten C_ν sind in der Tabelle 11 unten bzw. an der linken Seite der Horizontalprofile angegeben.

Tabelle 12 enthält die Endwerte von W als Summe der in Tabelle 11 zusammengestellten Werte nach Hinzufügung der Niveaukonstanten und unter Berücksichtigung des Basiswertes $\overline{W}$ in Einheiten von $\frac{d^2}{16} \cdot 10^{-9}$ c.g.s.

Die geodätische Bedeutung der Isanomalen der Potentialstörungen ist aus Abb. 11 ersichtlich: Die Richtung des Lots steht in allen Punkten senkrecht zur Niveaufläche. Die x-y-Ebene, d. i. die Ebene der Isanomalendarstellungen, ist keine Fläche gleichen Potentials, also keine Niveaufläche. Betrachten wir einen z. B. in Richtung des Profils A gelegten senkrechten Querschnitt durch die Niveaufläche, so ist die in dieser Schnittebene gelegene Komponente der Lotabweichung $\varepsilon_x = \frac{1}{g} W_x$. Für den Abstand z der einzelnen Profilpunkte A der Niveaufläche von der x-y-Ebene ergibt sich nach Abb. 11:

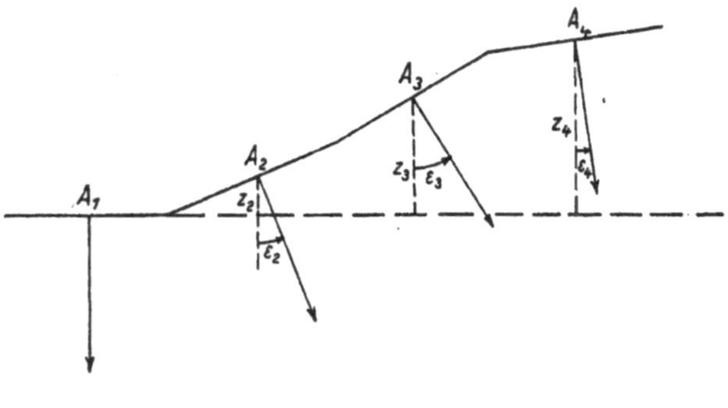

Abb. 11. Der Zusammenhang zwischen den Lotstörungen und den Lokalundulationen des Geoids

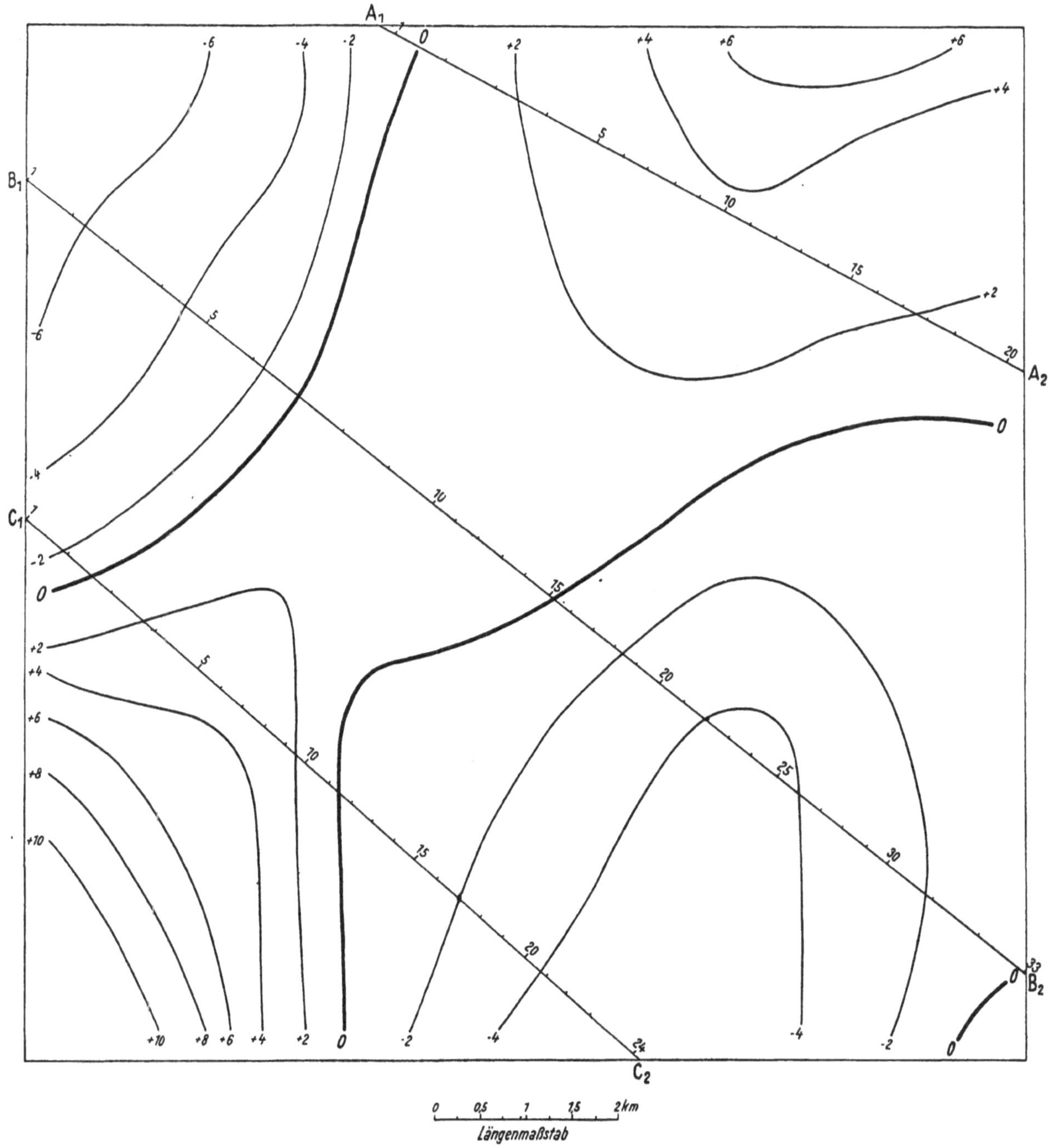

Abb. 12. Die Abweichungen der Niveaufläche (Lokalundulationen des Geoids) von der mittleren Ebene im Meßgebiet Weddingstedt (Isanomalenangaben in mm)

$$z_2 = \varepsilon_2 \cdot \frac{d}{2} \qquad = \frac{d}{2g} W_x (A_2)$$

$$z_3 = z_2 + (\varepsilon_2 + \varepsilon_3) \frac{d}{2} = z_2 + \frac{d}{2g} W_x (A_2 + A_3)$$

$$z_4 = z_3 + (\varepsilon_3 + \varepsilon_4) \frac{d}{2} = z_3 + \frac{d}{2g} W_x (A_3 + A_4)$$

usw.; allgemein:

$$z = \frac{d}{2g} W_x \{A_2 + (A_2 + A_3) + (A_3 + A_4) + \dots\dots\dots\} = \frac{W}{g}$$

d. h. die Potentialstörung in einem Punkt des Untersuchungsgebiets dividiert durch die Schwerkraft g ergibt den Abstand des betreffenden Punktes der Niveaufläche von der durch das Untersuchungsgebiet gehenden Mittelebene.

Der Betrag $\frac{W}{981} \cdot \frac{d^2}{16} \cdot 10^{-9}$ c.g.s. nach Tabelle 12 gibt also die lokale Abweichung der Geoidfläche von der Mittelebene des Drehwaagemeßgebiets ausgedrückt in cm. Die Isanomalen können danach ohne weiteres gezogen werden.

Abb. 12 zeigt die Potentialstörungen bzw. die Abweichungen der Niveaufläche von der mittleren Horizontalebene in dem Untersuchungsgebiet von Weddingstedt.

f) Weitere Eigenschaften der gravimetrischen Störungsfelder; die regionale Schwerestörung eines Drehwaagemeßgebiets; die Betrachtung einzelner Profile durch das Meßgebiet

Von den weiteren geodätisch noch interessanten Bestimmungsstücken des gravimetrischen Feldes ist die Lage der Hauptschnitte der Niveaufläche bereits aus der Eötvösschen Theorie der Drehwaagemessungen bekannt. Die Richtung λ des ersten Hauptschnitts, welcher die stärkste Krümmung — bzw. den kleinsten Krümmungsradius ϱ_1 — der Schnittkurve der Niveaufläche enthält, ergibt sich aus den Beziehungen:

$$\sin 2\lambda = \frac{2W_{xy}}{R} \qquad \cos 2\lambda = -\frac{W_\Delta}{R} \tag{13}$$

(λ positiv im Uhrzeigersinne von der $+x$-Achse aus von 0 bis 180° gerechnet). Die „Krümmungsgröße“

$$R = \sqrt{W_\Delta^2 + 4W_{xy}^2} = g\left(\frac{1}{\varrho_1} - \frac{1}{\varrho_2}\right)$$

welche die Differenz der beiden Hauptkrümmungen angibt, ist stets positiv zu nehmen. Die Kenntnis der in Tabelle 6 dargestellten örtlichen Verteilung des Vertikalgradienten W_{zz} ermöglicht es, in Verbindung mit den Gleichungen (12), die Hauptkrümmungsradien ϱ_1 und ϱ_2 selbst zu bestimmen, freilich nicht ihre genauen Absolutwerte, sondern ihre örtlichen Unterschiede. Es bestehen die Beziehungen:

$$\left.\begin{aligned} \varrho_1 &= -\frac{2g}{W_{xx} + W_{yy} - R} = \frac{2g}{(W_{zz})_0}\left\{1 - \frac{W_{zz} + R}{(W_{zz})_0}\right\} \\ \varrho_2 &= -\frac{2g}{W_{xx} + W_{yy} + R} = \frac{2g}{(W_{zz})_0}\left\{1 - \frac{W_{zz} - R}{(W_{zz})_0}\right\} \end{aligned}\right\} \tag{14}$$

worin $(W_{zz})_0$ den mittleren für das Untersuchungsgebiet geltenden Absolutwert des vertikalen Schweregradienten, W_{zz} seine lokalen Abweichungen davon bedeutet. [Der Normalwert von $(W_{zz})_0$ ist $3082 \cdot 10^{-9}$ c.g.s.] Die Krümmungsradien selbst sind von der Größenordnung des Erdradius; ihre lokalen Störungen betragen auf dem Meßtischblatt Weddingstedt im Maximum bis zu 3% des absoluten Betrages.

Schließlich erhalten wir aus der Bearbeitung der Drehwaagemeßergebnisse noch die Krümmung der Lotlinie und die Änderung der Lotrichtung mit der Höhe. Der Krümmungsradius r der Lotlinie ergibt sich aus der Formel:

$$r = \frac{g}{\sqrt{W_{xz}^2 + W_{yz}^2}}$$

während der reziproke Wert

$$\frac{d\varepsilon}{h} = \frac{1}{r}$$

die Änderung $d\varepsilon$ der Lotrichtung mit der Höhe h angibt.

Die Lotlinie, welche — außer am Pol und am Äquator — normalerweise ganz schwach gekrümmt ist (Krümmungsradius für mitteleuropäische Breiten etwa das 19fache des Erdradius), wird durch die örtlichen Schwerestörungen noch stärker als es normalerweise der Fall ist, gekrümmt: Im Maximum ist auf dem Meßtischblatt WEDDINGSTEDT der Krümmungsradius r der Lotlinie mehr als das 25fache des Erdradius. Ebenso hängt die Änderung der Lotlinie mit der Höhe (normalerweise nimmt die in der Meridianebene liegende Komponente der Lotrichtung, die geographische Breite, mit der Höhe zu, außer am Äquator und am Pol; für mitteleuropäische Breiten beträgt diese Zunahme etwa 1,6″ je 1000 m Höhe) sehr von den lokalen Schwerestörungen ab; sie erreicht im Maximum auf dem Meßtischblatt WEDDINGSTEDT größenordnungsmäßig gleiche Beträge. — Irgendwelche praktische Bedeutung haben diese Größen nicht.

Als regionalen Teil der Schwerestörung eines Gebiets ist nach S. 11 der Teil definiert worden, für welchen die zweiten Ableitungen des Schwerepotentials für den Bereich des betrachteten Meßgebiets Konstante sind. Er ist in der üblichen EÖTVÖSschen Form darstellbar. Beispielsweise würde sich in dem durchgeführten kleinen Meßbeispiel von BORGHOLZ mit den auf S. 13/14 angegebenen Werten für die Regionalstörung das in Abb. 13 wiedergegebene Bild ergeben, welches auf den Mittelpunkt als Mittelwert für das Meßgebiet zu beziehen wäre.

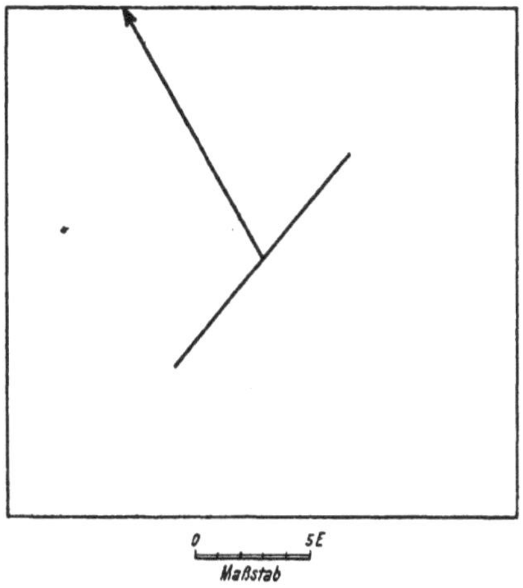

Abb. 13. Der regionale (konstante) Teil der Schwerestörung in dem Teilgebiet von Borgholz

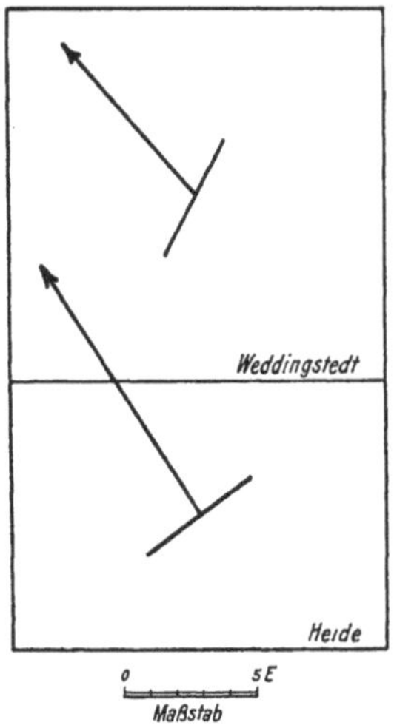

Abb. 14. Der regionale Teil der Schwerestörung in den Meßgebieten von Weddingstedt und Heide

Für das ganze Messungsbeispiel, das Meßtischblatt WEDDINGSTEDT, ist die Regionalstörung nach den auf S. 14 mitgeteilten Werten eingetragen für den Mittelpunkt des Meßtischblattes in Abb. 14 wiedergegeben. Darunter ist die für das südlich anschließende Meßgebiet von HEIDE ermittelte Regionalstörung angegeben; in letzterem Falle bezieht sich der bestimmte Wert der Regionalstörung nicht auf das ganze Meßtischblatt HEIDE, sondern nur auf den nördlichen Teil, der etwa zwei Drittel des gesamten Meßtischblattes ausmacht[1]). — Der Vergleich von Abb. 13 und 14 läßt erkennen, daß die regionale Schwerestörung des für sich betrachteten Teilgebietes von BORGHOLZ etwa doppelt so groß ist, als wenn man das Gesamtgebiet von WEDDINGSTEDT zusammenfaßt; doch ist der Charakter der Regionalstörung derselbe.

Die Bedeutung des regionalen Teils der Schwerestörung des Meßgebiets ist, was die Horizontalgradienten W_{xz} und W_{yz} anbetrifft, klar: $\overline{W_{xz}}$ und $\overline{W_{yz}}$ geben an, nach welcher Richtung hin und in welchem Maße die Schwerkraft W_z innerhalb des Meßgebiets im Mittel linear ansteigt. $\overline{W_\Delta} =$ const. und $\overline{2\,W_{xy}} =$ const. bedeuten, daß der Vertikalgradient W_{zz} für das Meßgebiet ebenfalls konstant gestört ist. Nach den Gleichungen (2) S. 9 folgt, daß die Kraftkomponenten W_x und W_y sich innerhalb des Meßgebiets im Mittel linear ändern, und nach den Gleichungen (14) S. 30 sind die Hauptkrümmungen konstant. Die Stärke der Krümmungen bleibt aber unbekannt, weil die Regionalstörung des Vertikalgradienten nicht bekannt ist.

[1]) Vgl. [4] S. 124, Fig. 3. Die dort angegebenen Zahlenwerte enthalten einen kleinen Rechenfehler: es muß heißen $R = 5{,}0$ und $\lambda = 56^0$.

Genau genommen bedeuten die berechneten lokalen Abweichungen der Niveaufläche nicht die Abweichungen gegen die mittlere horizontale Ebene, sondern diejenigen gegen die gleichmäßig gekrümmte mittlere Niveaufläche.

Um den Verlauf von Größe und Richtung der gravimetrischen Störungskräfte und ihrer Hauptableitungen längs einiger passend — etwa senkrecht zur Hauptstreichungsrichtung gerichteten — gewählter Profile zu zeigen, sind diese in den Abb. 15—17 für die Profile A (Feddringen), B (Weddingstedt) und C (Wildpfahl) eingetragen, und zwar wird dargestellt:

a) in der oberen Kurve a die Abweichung $\frac{W}{g}$ der Niveaufläche von der mittleren Niveaufläche,

b) in der Darstellung b die Richtung und Größe der in der betreffenden Profilebene liegenden Komponente der Schwerkraftstörung $W_r = \sqrt{W_z^2 + W_x^2 + W_y^2}$ an den einzelnen Punkten,

c) in der Darstellung c die Richtung und Größe des Totalgradienten der vertikalen Schwerkraftskomponente W_z, welchen wir mit W_{zr} bezeichnen:

$$W_{zr} = \sqrt{W_{zz}^2 + W_{xz}^2 + W_{yz}^2}$$

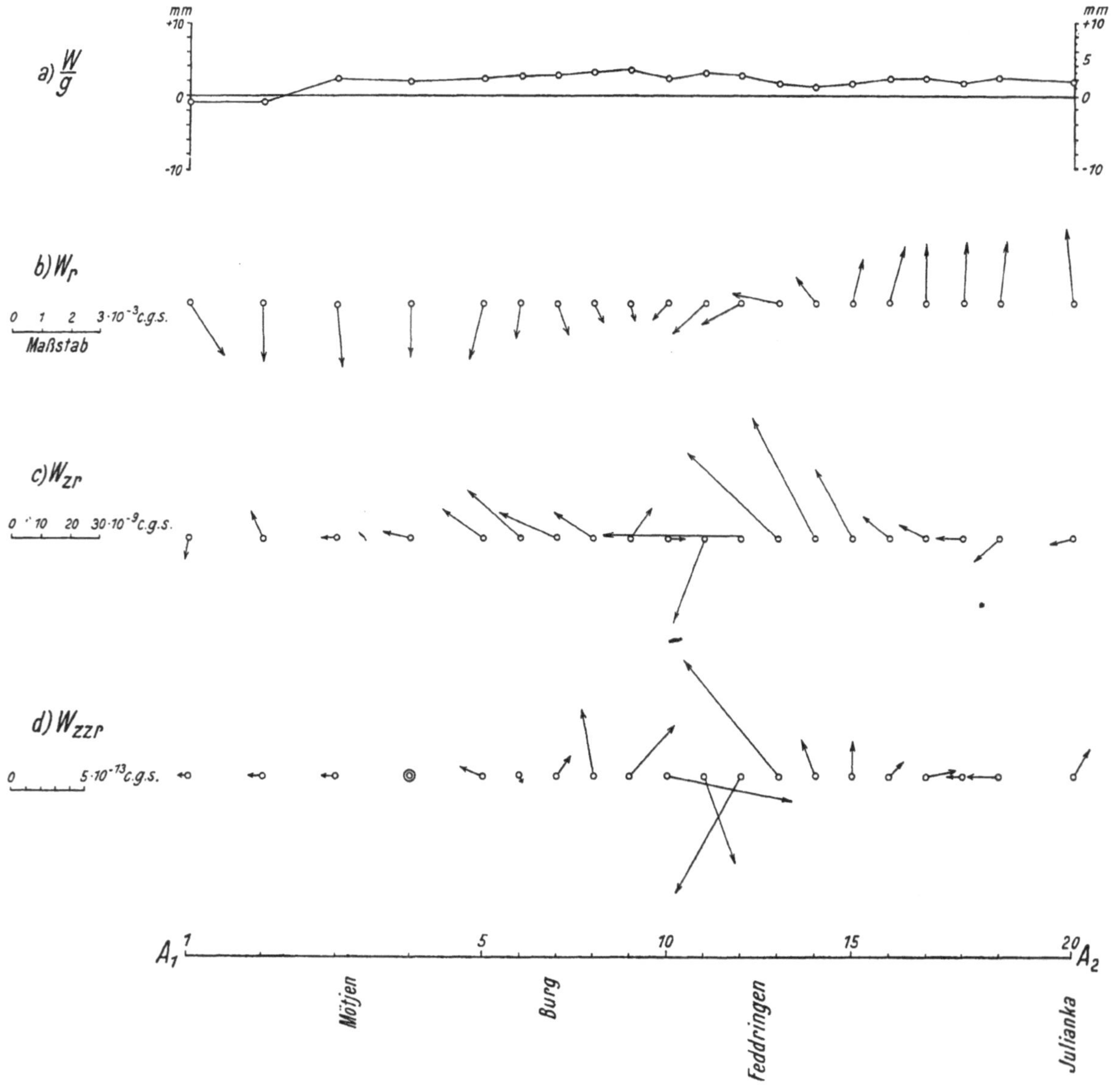

Abb. 15. Darstellung des Verlaufs der Niveaustörung, des gravimetrischen Störungsvektors und seiner Hauptableitungen in dem Profil $A_1 A_2$ (Feddringen)

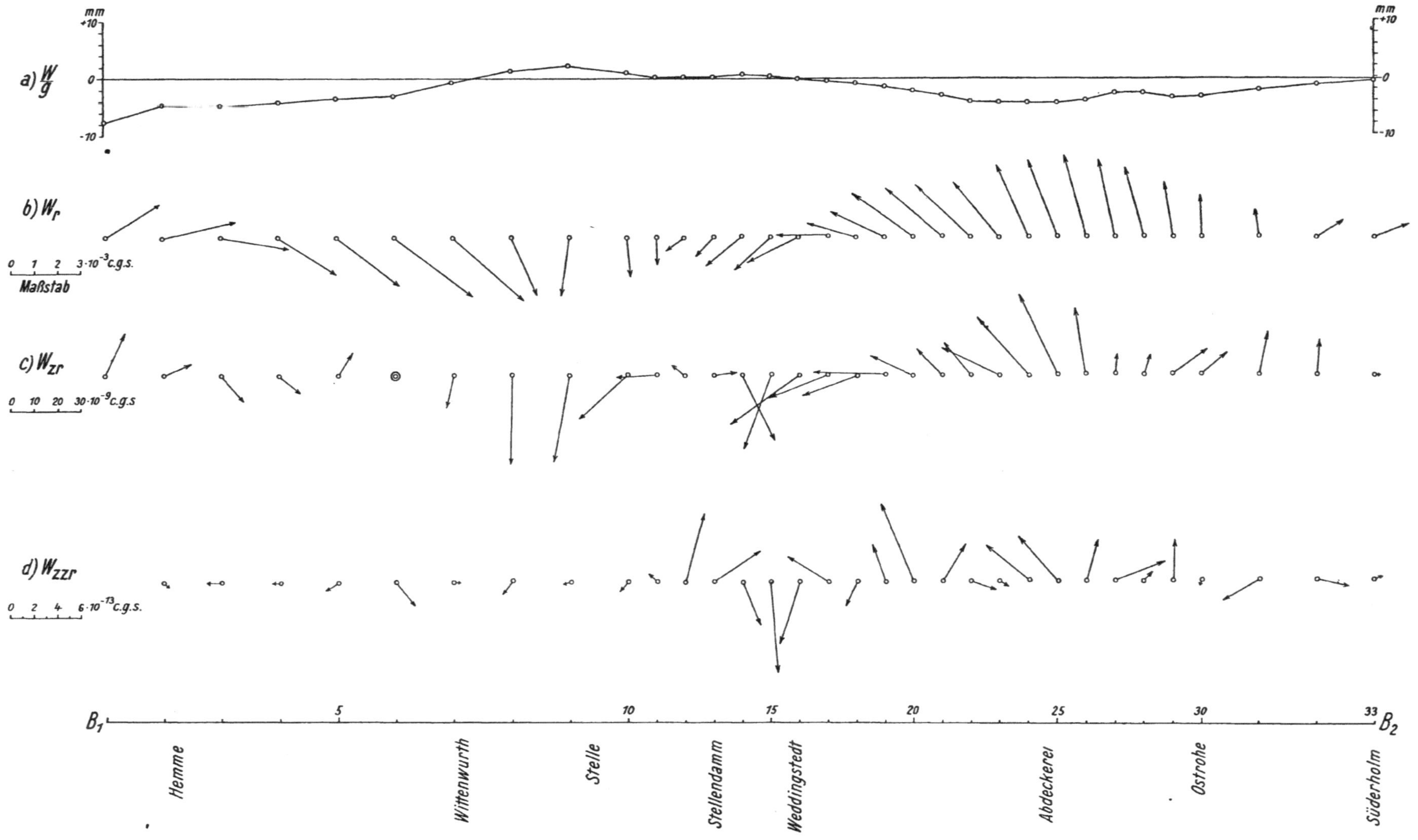

Abb. 16. Darstellung des Verlaufs der Niveaustörung, des gravimetrischen Störungsvektors und seiner Hauptableitungen in dem Profil $B_1 B_2$ (Weddingstedt)

d) in der Darstellung *d* die Richtung und Größe des „Totalgradienten des Vertikalgradienten W_{zz}", welchen wir mit W_{zzr} bezeichnen:

$$W_{zzr} = \sqrt{W_{zzz}^2 + W_{zzx}^2 + W_{zzy}^2}$$

Die Lage der einzelnen Profile und Profilpunkte ist in den Abb. 7—9 angegeben (den Darstellungen liegen die Originalwerte der Berechnungen, nicht die durch die Isanomalendarstellung der Abb. 7—9 ausgeglichenen Werte, zugrunde)[1].

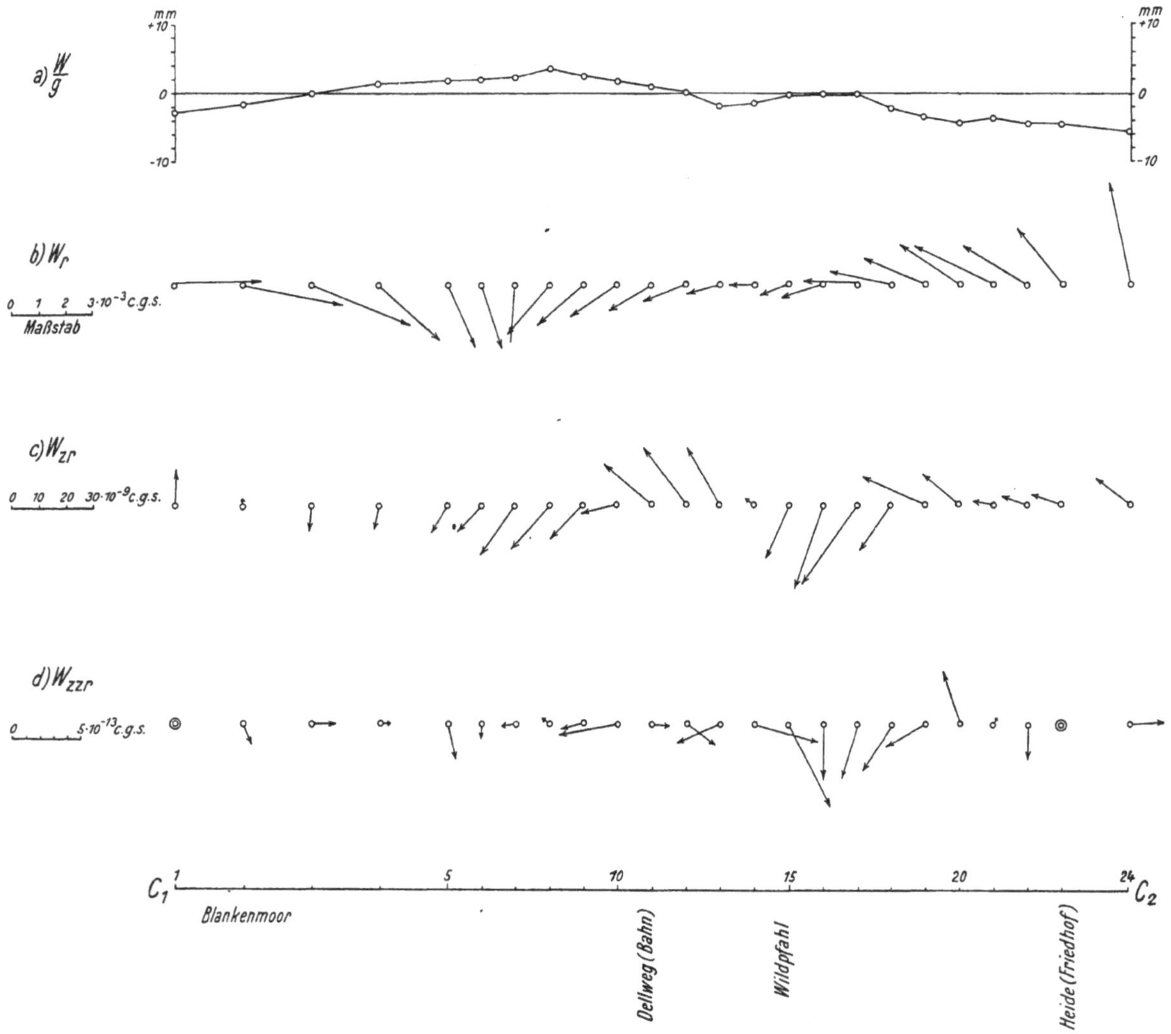

Abb. 17. Darstellung des Verlaufs der Niveaustörung, des gravimetrischen Störungsvektors und seiner Hauptableitungen in dem Profil $C_1 C_2$ (Wildpfahl)

---

[1]) Zu den obersten Kurven der Abb. 15—17, welche die lokalen Abweichungen der Niveaufläche gegen die mittlere Niveaufläche angeben, ist, um Mißverständnissen vorzubeugen, folgendes zu bemerken: Die Niveaufläche steht in allen Punkten senkrecht zu der Kraftrichtung. Daß es in den Kurven *a* nicht vollkommen — besonders nicht in Abb. 15 — der Fall ist, rührt — abgesehen von den Maßstabverhältnissen — einmal daher, daß die eingezeichneten Kraftvektoren nicht die absolute Kraft, sondern nur die Störungsvektoren darstellen, und zweitens davon, daß die Basisebene der einzelnen Kurven *a* die mittlere Niveaufläche des gesamten Meßgebiets, nicht diejenige der einzelnen Profile, darstellt.

4. Erörterung der Berechnungsergebnisse; ihre Genauigkeit; die Beziehungen des gravimetrischen Störungsfeldes zu den Dichteungleichheiten im Untergrund; die Mehrdeutigkeit der geologischen Ursachen; Tiefenberechnungen

Betrachten wir die Ergebnisse der vollständigen Bestimmung der örtlichen gravimetrischen Störungsfelder, so hängt die Genauigkeit, welche ihnen zugemessen werden kann, ab:

1. von der Sicherheit, mit welcher die Isanomalen der Drehwaagemeßgrößen gezogen werden können,

2. von der Genauigkeit der Rechenmethode.

Die erstere hängt von den Drehwaagemessungen ab (also der instrumentellen Meßgenauigkeit, der Erfassung der topographischen Korrektion, den lokalen, durch oberflächennahe Dichteungleichheiten verursachten unregelmäßigen Störungen, besonders aber von der Dichte des Stationsnetzes, vgl. S. 4); die letztere läßt sich je nach der Arbeit, die man dafür aufwenden will, beliebig steigern: Je enger man das Profilnetz für die Berechnung wählt, um so genauer wird die Anwendung der theoretischen Beziehungen. Je nach der Aufgabe, für welche die Drehwaagemethode angesetzt worden ist, wird man d etwa in der Größenordnung von 100—1000 m ansetzen. Der in den Meßbeispielen gewählte Wert von $d = 250$ m hat sich als durchaus ausreichend erwiesen. Man könnte das Berechnungsschema noch weiter verfeinern; doch wäre das für die geophysikalische Praxis unzweckmäßig; es hätte keinen Sinn, die Berechnungsarbeiten sehr erheblich zu vergrößern, um dadurch eine ganz geringfügige Erhöhung der Genauigkeit in der Rechenmethode zu erreichen, zumal die Vermessung mit der Drehwaage, nicht aber die Berechnungsmethode für die Genauigkeit der Ergebnisse ausschlaggebend ist.

Bei der Berechnung von W_z, W_{zz}, W_x, W_y und W summieren sich in den einzelnen Vertikal- und Horizontalprofilen wie bei jedem Kettenverfahren die Fehler entsprechend dem Fehlerfortpflanzungsgesetz, wobei es dann vorkommen kann, daß in den einzelnen Profilen die Fehler mehr oder weniger einseitig wirken. Daraus entspringende systematische Fehler lassen sich sehr klein halten dadurch, daß man die größeren Meßgebiete in einzelne Teilfelder zerlegt und zunächst diese Teilfelder in der angegebenen Weise für sich berechnet. Sodann kann das gesamte Störungsfeld nach dem gleichen Schema berechnet werden, indem man die für die einzelnen Teilfelder ermittelten konstanten Werte auf deren Mittelpunkte bezieht und als Grundlage für diese Berechnung benutzt. Die Teilfelder können dann auf Grund dieses Berechnungsergebnisses zum Schluß auf gleicher Basis zu einem Gesamtbild zusammengesetzt werden[1]).

Wichtig für die wirtschaftliche Praxis der angewandten Geophysik ist die bereits häufig erörterte Frage, wie rückwärts aus den auf der Erdoberfläche auf Grund von Messungen ermittelten gravimetrischen Störungsfeldern auf die Lage und Form der sie verursachenden Dichteungleichheiten im Untergrund geschlossen werden kann. Das ist besonders dann der Fall, wenn es sich um die möglichst eingehende Erforschung der Einzelheiten der Dichtestörungen handelt, um Anhaltspunkte für die zweckmäßigste Auswahl der Bohrpunkte zu erhalten. Die einzelnen Bestimmungsstücke des Schwerefeldes lassen die im Untergrund vorhandenen Dichteungleichheiten nicht mit gleicher Deutlichkeit und Schärfe erkennen. Vorzugsweise eignen sich dazu, wie vom Verf. in einer ausführlichen Abhandlung [2] erörtert worden ist, die Isanomalen von W_z, W_{zz} und W_{zzz}, und zwar besonders in ihrer Kombination. Der Grund ist augenscheinlich: Zunächst ist es die Isanomalendarstellung an sich, welche die Grenzzone einer Dichteungleichheit durch eine dichtere Scharung der Kurven ohne weiteres erkennen läßt; außerdem ist die Tiefenwirkung für die drei bezeichneten Bestimmungsstücke verschieden: Da die Wirkung eines Massenelements in der Schwerkraft W_z mit der zweiten, in dem Gradienten mit der dritten und in der dritten Ableitung des Schwerepotentials mit der vierten Potenz des Abstandes abnimmt, so geht in W_{zzz} in erster Linie die Wirkung der oberflächennächsten Teile, in W_{zz} etwas stärker diejenige der etwas tiefer liegenden größeren Massen und in W_z noch stärker die ausgedehnteren Massen, welche sich in

[1]) Praktisch hat sich dieses Vorgehen — wenn es auch etwas mehr Arbeit macht — als das genaueste erwiesen.

g r ö ß e r e r T i e f e b e f i n d e n , e i n. Aus diesem Grunde eignen sich die Isanomalendarstellungen von W_z, W_{zz} und W_{zzz} am besten für die Analyse der Ursachen lokaler gravimetrischer Störungsfelder. Daher rührt es auch, daß die W_z-Isanomalen stets einen viel ausgeglicheneren, ruhigeren Verlauf zeigen als die W_{zz}- oder gar die W_{zzz}-Isanomalen (vgl. Fig. 7—9).

Die übrigen Bestimmungsstücke der lokalen gravimetrischen Störungsfelder, d. h. der Verlauf der Lotrichtungsstörungen und schließlich die lokalen Geoidundulationen, sind weniger wichtig für die Aufgaben der praktischen Geophysik. Sie haben nur Bedeutung für einige Fragen der höheren Geodäsie, welche daran interessiert ist zu erfahren, welche Verbiegungen und Verzerrungen das Geoid auch in ebenen Gebieten erleidet.

Zu beachten sind noch folgende aus der Theorie der Schwere sich ergebenden Besonderheiten (vgl. [2]): Ein in horizontaler Entfernung befindliches Massenelement übt in W_z und W_{zzz} keine nennenswerte Wirkung aus, geht aber in W_{zz} in erheblichem Maße ein. Infolgedessen kann der Verlauf von W_{zz} in stärkerem Maße von entfernter liegenden, oberflächennahen größeren Störungsmassen beeinflußt werden als W_z oder W_{zzz}, so daß besonders W_{zzz} zur Lokalisierung von Einzelheiten der geologischen Ursachen geeigneter ist. Während W_z über Massenüberschüssen stets positiv, über Massendefiziten negativ gestört ist, gehört in W_{zz} und in W_{zzz} bei Massenüberschüssen zu jedem Maximum der Störung auch ein Minimum und umgekehrt, doch tritt das letztere, weil es relativ nur klein ist, praktisch weniger in Erscheinung, denn es ist noch zu beachten, daß als Basis für die Isanomalendarstellung von W_z bzw. W_{zz} willkürlich der Mittelwert von W_z bzw. W_{zz} des Meßgebiets angenommen worden ist; dagegen e n t s p r i c h t d e r B a s i s w e r t f ü r d i e I s a n o m a l e n d a r s t e l l u n g v o n W_{zzz} d e m A b s o l u t w e r t N u l l.

Betrachten wir unter diesen Gesichtspunkten die Ergebnisse der vollständigen Bestimmung des gravimetrischen Störungsfeldes in den M e ß g e b i e t e n v o n WEDDINGSTEDT und in dem Teilgebiet von BORGHOLZ, so ist folgendes zu erkennen:

Das T e i l g e b i e t v o n BORGHOLZ enthält ein ausgeprägtes ö r t l i c h e s S c h w e r e m i n i m u m. Es kommt in allen Meßbildern (Tab. 1, 3, 6 und den Abb. 6 u. 9) deutlich zum Ausdruck, wenn auch in der Form nicht ganz übereinstimmend. Der maximale Störungsbetrag beträgt in W_{zzz} etwa $-32 \cdot \frac{10^{-9}}{2d} = -6{,}4 \cdot 10^{-13}$ c.g.s. Einh. Die Ursache dieser Schwerestörung ist ein Massendefizit im Untergrund, dessen höchster Punkt etwa an dem mit P_1 in Tabelle 1 bezeichneten Ort anzunehmen ist. An der Südseite des Meßgebiets macht sich bereits die positive örtliche Schwerestörung von WILDPFAHL, an der nordöstlichen Seite die positive Schwerestörung des sich über BORGHOLZ nach Nordosten hinziehenden Schwererückens bemerkbar (vgl. Abb. 7 u. 9). Form und Erstreckung der örtlichen Schwerestörung lassen erkennen, daß die geologischen Ursachen in nicht sehr großen Tiefen liegen müssen (nach S. 40 bis zu rund 300 m Tiefe).

Wenden wir uns jetzt den Ergebnissen der Berechnungen für das g e s a m t e U n t e r s u c h u n g s g e b i e t v o n WEDDINGSTEDT (siehe Lageplan Abb. 18) zu, so zeigt zunächst das Isanomalenbild der Schwerkraft (Abb. 8), daß das Meßgebiet von einer positiven und einer negativen Schwerestörung durchzogen wird, welche einander parallel mit südwest-nordöstlicher Streichrichtung verlaufen. Die Achse der ersteren liegt etwa in der Linie: WEISSES MOOR—WITTENWURTH, während die Achse des Schwereminimums etwa mit der Linie: Östlich HEIDE—KRINGELKRUG—HÄGEN zusammenfällt. Die scharf ausgeprägte Flankenzone (etwa charakterisiert durch die Nullisanomale) verläuft von hart östlich WEDDINGSTEDT und WIEMERSTEDT über FEDDRINGEN nach Nordosten. In ihrer südwestlichen Fortsetzung zeigt sie von der Mitte zwischen BORGHOLZ und WEDDINGHUSEN bis in die Gegend von WENNEMANNSWISCH einen unregelmäßigen gestörten Verlauf, der bei WILDPFAHL ein horstartiges örtliches Schweremaximum erkennen läßt. Auf dem südlich anschließenden Meßtischblatt von HEIDE (siehe [4]) lassen die Schwereisanomalen ein fast genau nord-südliches Streichen der geologischen Formationen erkennen. Das Umschwenken in die südwest-nordöstliche Richtung erfolgt nicht ganz plötzlich — auf der östlichen Seite etwas südlicher als auf der westlichen Seite — vorzugsweise in der lokal gestörten Zone von WILDPFAHL. Der Anschluß des W_z-Isanomalenbildes von HEIDE ([4] Abb. 6) an das W_z-Isanomalenbild von WEDDINGSTEDT ergibt, daß auf dem ersteren die $+30$-Linie (in Einh. von 10^{-4} c.g.s.), auf der Westseite der $+0{,}5$-Linie (in Einh. von 10^{-3} c.g.s.) und auf der Ostseite der -1-Linie des Isanomalenbildes von WEDDINGSTEDT entspricht (die Abweichung kommt dadurch zustande, daß für das Meßgebiet von HEIDE eine etwas andere regionale

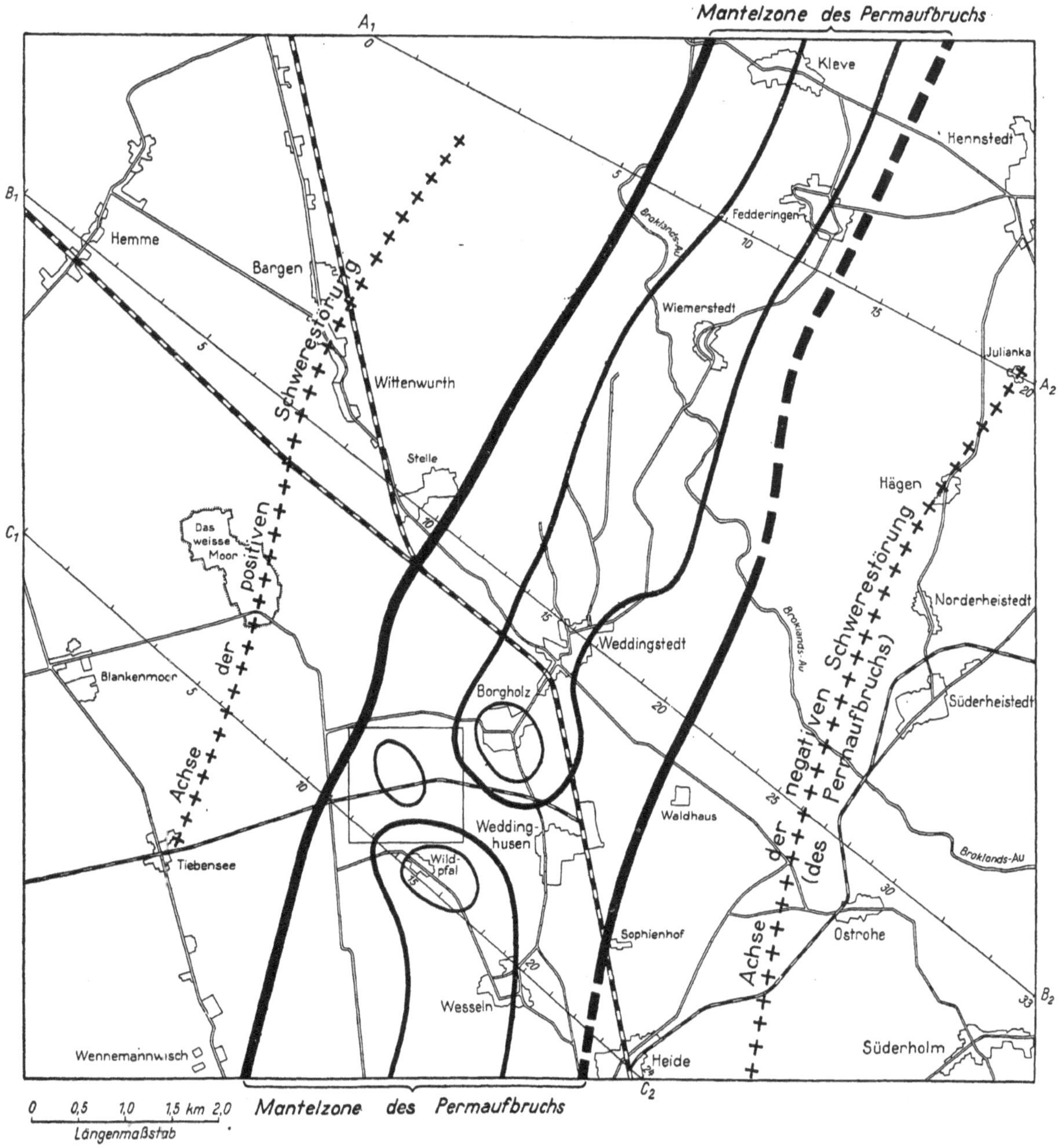

Abb. 18. Lageplan des Meßgebiets von Weddingstedt

Schwerestörung (vgl. Abb. 14) in Abzug gebracht worden ist als auf dem nördlichen Anschlußgebiet von Weddingstedt). — In der Flankenzone auf der positiven Seite der Nullisanomale läßt die Abb. 8 mehrere kleinere örtliche Schweremaxima und -minima erkennen.

Betrachten wir jetzt das W_{zz}- und das W_{zzz}-Isanomalenbild von Weddingstedt (Abb. 7 u. 9), in welchen nach S. 35 mehr die Wirkung der oberflächennäheren Dichteungleichheiten des Untergrundes zum Ausdruck kommt, so ist das starke Hervortreten der erwähnten Flankenzone ganz auffällig. Sehr ausgeprägt ist auch die Erscheinung, daß beiderseits der positiven Störung sich eine etwas schmalere und in der Intensität etwas geringere Zone negativer Störung in W_{zz} und W_{zzz} hinzieht. Diese Flankenzonen lassen darauf schließen, daß die Mantelschichten des Salzaufbruchs — als welchen man (vgl. S. 38) die Ursache des Schwereminimums der Abb. 8 erklären muß — aus mehreren relativ starken, aufgerichteten Schichten schwererer und leichterer Gesteine besteht, welche örtlich verschieden hoch emporragen bzw. zerstückelt sind. Die Intensität der der positiven Störungszone von W_{zz} und W_{zzz} vorgelagerten negativen Störungszone ist bedeutend größer, als die Theorie sie erfordert (vgl. [2] Abb. 2, 4 u. 5). Daraus muß man folgern, daß auf beiden Seiten der Mantelschichten von größerer Dichte sich weniger wirksame Schichten von geringerer Dichte befinden. — Die sich in Abb. 7 hervorhebende positive Störung in W_{zzz}, welche sich nordwestlich von Heide von Sophienhof über Waldhaus bis in die Broklandsaugegend hinzieht und welche ebenfalls in W_{zz} (Abb. 9) zum Ausdruck kommt, wenn auch in etwas verzerrter Form, hat, da sie innerhalb des Gebiets des Salzaufbruchs liegt, wahrscheinlich ihre Ursache in einer Scholle schwererer Gesteine innerhalb des Deckgebirges über den Salzmassen.

In den wesentlichsten Zügen lassen die Isanomalen von W_{zz} und W_{zzz} (Abb. 7 u. 9) den Verlauf der Dichteungleichheiten der oberflächennäheren Massen des Untergrundes übereinstimmend erscheinen. Sie bilden daher eine sehr wertvolle Ergänzung zu dem W_z-Isanomalenbild (Abb. 8), in welchem mehr der Verlauf der größeren ausgedehnteren Dichteungleichheiten des tieferen Untergrundes zum Ausdruck kommt. Betrachtet man jedoch Einzelheiten des W_{zz}- und des W_{zzz}-Isanomalenbildes, so zeigen sich doch häufig Abweichungen, welche man nicht mehr oder doch nur sehr gezwungen auf reelle Ursachen zurückführen kann. Der Grund dieser Diskrepanzen liegt offenbar in der Unsicherheit der Isanomalenführung der vier Drehwaagemeßgrößen (Abb. 3 a—d), welche unabhängig voneinander konstruiert werden und nicht überall den mathematischen Zwangsbedingungen (8 a) bzw. (8 b) genügen. Sie gehen also auf die unvermeidliche Ungenauigkeit der Meßergebnisse infolge der vielen lokalen Störungen zurück. In Zweifelsfällen ist dem W_{zzz}-Isanomalenbild ein größeres Gewicht beizumessen als dem W_{zz}-Isanomalenbild (vgl. S. 36).

Die geologische Ursache[1]) des Schwereminimums ist ein Aufbruch des permischen Salzgebirges, welcher in seiner südlichen Fortsetzung im Gebiet von Heide-Hemmingstedt die tektonische Ursache des bekannten Kreidehorstes von Hemmingstedt bildet, an welchem die senone Ölkreide in den Jahren nach dem Weltkriege bergmännisch abgebaut wurde. In Abb. 19 wird schematisch gezeigt, wie man sich im Prinzip die Lagerung der in Frage kommenden Schichten zu denken hat: Das Deckgebirge ist verhältnismäßig mächtig und in sich tektonisch zerstückelt, was verhältnismäßig starke oberflächennahe Dichteunterschiede zur Folge hat, welche

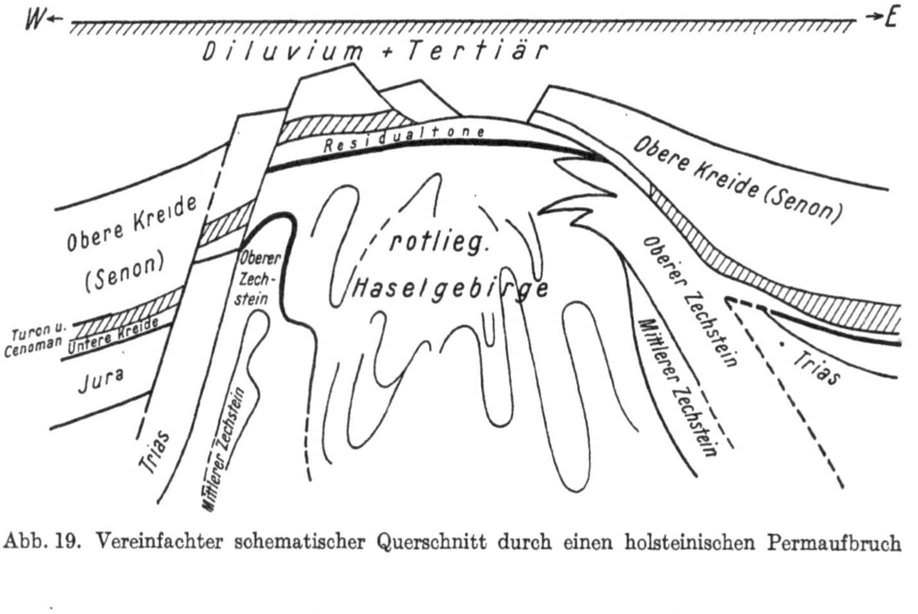

Abb. 19. Vereinfachter schematischer Querschnitt durch einen holsteinischen Permaufbruch

in diesem Gebiet die Ursache der in den Abb. 7 und 9 zum Ausdruck kommenden Schweremaxima und -minima in W_{zz} und W_{zzz} bilden. Die größte Rolle spielt nach den bisherigen Erfahrungen der Dichteunterschied Schreibkreide—Tertiär, von denen das letztere durchschnittlich eine um 0,1 größere Dichte besitzt. Das Salztongebirge (rotliegendes Haselgebirge), welches bis zu 80% aus sandigen Tonmergeln und nur zu 20% verunreinigtem Steinsalz aufgebaut sein kann, hat ein bedeutend höheres durchschnittliches Raumgewicht als die hannoverschen Salzhorste. Die auf-

[1]) Siehe R. von Zwerger [5].

geschleppten mesozoischen Mantelschichten haben im Durchschnitt eine etwas größere Dichte. In der Flankennähe ist die Salzfolge des oberen Zechsteins zum Teil mit aufgeschleppt, zum Teil ausgequetscht und eingefaltet, so daß sich zwischen die Salzfolge des oberen Zechsteins die Dolomite und Anhydrite des mittleren Zechsteins einschalten, welche ein beträchtlich größeres Raumgewicht als das Haselgebirge und das Zechsteinsalz besitzen. Zu diesen Wirkungen tritt am Kernrand noch die Wirkung der nach dem Salzaufbruch zu ansteigenden überlagernden Triasschichten und der Raumgewichtsunterschied zwischen Senon, der im wesentlichen — besonders in den oberen Partien — aus weißer Kreide aufgebaut ist, und dem permischen Gebirge. Die geologischen Ursachen der einzelnen Schwerestörungen sind dementsprechend mehrdeutig. Sie können daher nur von Fall zu Fall an Hand von Bohrungen, welche das Deckgebirge durchteufen, erklärt werden. In Verbindung mit den richtig angesetzten Aufschlußbohrungen bilden die Karten 7—9 die wichtigste Grundlage, um die Zonen, in denen z. B. das Tertiär ausfällt und die Kreide unmittelbar unter dem Diluvium anzutreffen ist, oder solche, in denen das Tertiär in grabenartigen Einsenkungen größere Mächtigkeit besitzt und unmittelbar dem Perm auflagert, auf ihre Ausdehnung und Erstreckung hin zu untersuchen.

Erdölgeologisch wichtig sind die Zonen der Aufbruchsflanken, deren verschiedenartige gravimetrische Wirkung in den Abb. 7—9 besonders deutlich zum Ausdruck kommt. Ein sehr steiles Einfallen der Mantelschichten scheint im Gebiet des Dorfes Feddringen vorhanden zu sein, wie aus der dichten Scharung der Kurven zu folgern ist. Außerdem ist anzunehmen, daß die Tiefe der Gesteine hier eine noch geringere ist als in der übrigen Mantelzone. — Ein besonders interessantes Gebiet für die Erdölfrage dürfte das Gebiet von Borgholz—Weddinghusen—Wildpfahl—Dellweg sein, welches örtlich stark gestört ist und in deren südlicher Fortsetzung die fündigen Ölbohrungen von Heide stehen.

Tiefenangaben für die gravimetrisch störenden Massen sind, so wünschenswert sie für die Praxis auch sein mögen, nur der Größenordnung nach möglich, da in die einzelnen Bestimmungsstücke stets die Wirkung sämtlicher im Untergrund vorhandener Dichteungleichheiten des Störungsfeldes eingeht. Die Faustregeln, welche man auf Grund der Annahme bestimmter Formen der Dichtestörungen ableitete, um aus der örtlichen Verteilung der Drehwaagemeßgrößen Tiefenangaben machen zu können, ebenso die Anwendung von Auszähldiagrammen, indem man eine Form der Masseneinlagerung annahm, die betreffende gravimetrische Wirkung durch Auszählen ermittelte und dann die angenommene Form so lange variierte, bis die beobachtete gravimetrische Wirkung etwa der theoretisch bestimmten entsprach, haben sich teils als zu unsicher, teils als zu umständlich erwiesen, als daß sie eine praktische Bedeutung gewinnen konnten. Am besten eignet sich für Tiefenberechnungen die dritte vertikale Ableitung W_{zzz} des Schwerepotentials, denn einmal ist der Nullwert als Basis für die Isanomalendarstellung von W_{zzz} absolut gegeben, während diese für W_{zz} und W_z beliebig angenommen werden kann, und zweitens kommen, da die Wirkung eines Massenelements in W_{zzz} mit der vierten Potenz des Abstandes abnimmt, in W_{zzz} ganz überwiegend die oberflächennächsten Teile der Dichtestörungen zur Wirksamkeit, und zwar in erster Linie die senkrecht über dem betrachteten Punkt befindlichen Partien (vgl. [2], Tabelle auf S. 133). Dieser Umstand ermöglicht es, Formeln für die Grenzen aufzustellen, innerhalb welcher die geringste Tiefe der Dichtestörungen liegen muß und welche von der Form dieser Massen angenähert unabhängig sind:

$$t_1 = a\left\{1{,}7 - 0{,}7 \cdot \frac{La}{\sigma} + 0{,}072\left(\frac{La}{\sigma}\right)^2\right\} \tag{15 a}$$

$$t_2 = a\left\{1{,}2 - 0{,}525 \cdot \frac{La}{\sigma} + 0{,}056\left(\frac{La}{\sigma}\right)^2\right\} \tag{15 b}$$

(Diese Formel ist aufgestellt worden auf Grund der Annahme von vier verschiedenen Formen: Kugel, horizontal liegender Kreiszylinder mit unendlich langer Achse, senkrecht aus großer Tiefe aufsteigende Schicht, Rand einer horizontalen Platte von großer Ausdehnung; vgl. [2], Fig. 2e, 4a und 5a. Darin bedeutet L den Maximalwert von W_{zzz}, a den Abstand des Störungsmaximums von dem Nullwert der Störung [d. h. von der Nullisanomalen],

σ den Dichteunterschied gegen das Nebengestein.)[1]) — $\frac{La}{\sigma}$ sind in Einheiten von 10^{-7} c.g.s. gerechnet.

Für den Maximal- bzw. Minimumwert L von W_{zzz} darf man nicht etwa einzelne zufällig stark herausfallende extreme Berechnungswerte nehmen, sondern man muß L der ausgeglichenen Isanomalendarstellung entnehmen, ebenso den Abstand a, welcher auch nur mit beschränkter Genauigkeit bestimmt werden kann; der dritte und größte Unsicherheitsfaktor in der Tiefenberechnung liegt in dem unbekannten Raumgewichtsunterschied σ zwischen den Störungsmassen und dem Nebengestein, für welchen nur nach den allgemeinen praktischen Erfahrungen ein Wert eingesetzt werden kann; die Annahme eines kleineren Wertes für σ ergibt geringere Tiefenwerte (bzw. umgekehrt).

Die Formel (15) wurde auf eine Anzahl örtlicher Maxima und Minima von W_{zzz} des Meßgebiets von Weddingstedt (Abb. 7) und des Teilgebiets von Borgholz (Tab. 3) angewandt, um größenordnungsmäßig Anhaltspunkte für die Tiefe der gravimetrisch störenden Dichteungleichheiten zu erhalten. Die Punkte P_1 bis P_{24}, für welche die Tiefenberechnungen gelten, sind in der Abb. 7 bzw. Tabelle 3 angegeben. Als Raumgewichtsunterschied wurde einmal $\sigma = +0{,}1$ bzw. $\sigma = -0{,}1$, das andere Mal $\sigma = +0{,}2$ bzw. $\sigma = -0{,}2$ angenommen. Das Ergebnis der Berechnungen zeigt Tabelle 13. Die berechneten Werte beziehen sich auf die ziemlich steil aufragenden Mantelschichten in den Flankenzonen und auf die Dichteungleichheiten innerhalb des Deckgebirges. Nur die Tiefenangaben an den Punkten P_{22} und P_{24} sind wahrscheinlich auf die das Schweremaximum bzw. das Schwereminimum der Abb. 8 verursachenden tieferen Massen zurückzuführen.

Tabelle 13

Berechnete Grenzwerte für die geringste Tiefe der die gravimetrischen Störungen verursachenden geologischen Massen an den Punkten P_1 bis P_{24} des Meßtischblattes Weddingstedt

Punkt	L ($\cdot 10^{13}$)	a (in m)	Tiefenwerte (in m) $\sigma = 0{,}1$ t_1	$\sigma = 0{,}1$ t_2	$\sigma = 0{,}2$ t_1	$\sigma = 0{,}2$ t_2
P_1	— 6,4	380	163	95	365	243
P_2	— 6,3	460	129	69	386	258
P_3	— 6,1	200	192	128	218	180
P_4	— 6,1	375	292	214	453	322
P_5	— 6,1	300	198	126	336	228
P_6	— 6,2	200	188	128	260	178
P_7	— 4,2	250	263	178	340	235
P_8	+ 6,4	400	152	92	372	248
P_9	+ 8,4	500	15	0	275	175
P_{10}	+ 8,2	375	86	41	300	195
P_{11}	+ 8,1	360	97	51	300	202
P_{12}	+ 4,2	250	263	178	345	235
P_{13}	+ 10,1	240	103	62	230	156
P_{14}	+ 4,2	160	201	141	237	166
P_{15}	+ 4,2	230	250	170	318	221
P_{16}	— 4,2	400	296	192	468	320
P_{17}	+ 4,2	330	287	192	416	287
P_{18}	— 4,0	160	205	141	238	167
P_{19}	— 6,1	380	175	107	378	251
P_{20}	+ 2,2	160	235	164	253	178
P_{21}	— 2,1	160	235	164	253	178
P_{22}	— 4,2	450	288	185	495	342
P_{23}	+ 2,1	360	435	298	523	364
P_{24}	+ 2,1	450	500	342	625	347

[1]) Die Formeln sind so gewählt worden, daß die Tiefenwerte für die angegebenen geometrischen Formen im wesentlichen innerhalb dieser Grenzen liegen; trotzdem besteht natürlich die Möglichkeit, daß es — mathematisch nicht mehr erfaßbare — Formen gibt, welche nicht ganz in dieses Schema hineinpassen; praktisch dürfte das aber unwesentlich sein. — Ähnliche für Überschlagsrechnungen geeignete einfache Formeln lassen sich auch z. B. für W_{zz} und W_{xz} aufstellen, doch soll darauf nicht weiter eingegangen werden.

Die Tabelle läßt erkennen, welche Unsicherheit in die Tiefenwerte infolge der Ungenauigkeit in der Kenntnis des Raumgewichtsunterschieds σ eingeht. Nicht außer acht zu lassen ist, daß wir es stets mit mehreren geologischen Körpern verschiedener Dichte zu tun haben, so daß die Werte von L — wenn auch in erster Linie die oberflächennächsten Partien senkrecht unter den betreffenden Punkten eingehen — sich additiv aus den Wirkungen der Einzelstörungen zusammensetzen[1]).

Zusammenfassend können wir den Tiefenberechnungen nach folgern, daß die Mantelschichten des Salzaufbruchs größenordnungsmäßig bis auf 200—300 m an die Erdoberfläche heraufragen; doch sind an einzelnen Punkten wohl auch noch geringere Tiefen möglich. Das rote Haselgebirge, welches die Hauptursache des großen Schwereminimums bildet, dürfte in rund 5—600 m Tiefe anzutreffen sein.

Benutzte Literatur

1. Eötvös, R.: Bestimmung der Gradienten der Schwerkraft und ihrer Niveauflächen mit Hilfe der Drehwaage. Verh. d. 15. Konf. d. Intern. Erdmessung in Budapest (1906), S. 375 ff.
2. Haalck, H.: Welche gravimetrischen Bestimmungsstücke ergeben durch die Darstellung ihrer örtlichen Verteilung das deutlichste Bild von den die Schwerestörung verursachenden Dichteungleichheiten im Untergrund? Beitr. z. angew. Geoph. 10 (1943), 130—146.
3. Haalck, H.: Ergebnisse der vollständigen Berechnung des gravimetrischen Störungsfeldes im Gebiet von Gifhorn. Daselbst 9 (1942), 290—302.
4. Haalck, H.: Die örtliche Verteilung der ersten drei vertikalen Differentialquotienten W_z, W_{zz} und W_{zzz} des Schwerepotentials in dem Meßgebiet von Heide in Holstein. Daselbst 10 (1943), 121—129.
5. Zwerger, R. von: Aufsuchung und Umgrenzung schleswig-holsteinischer Salzaufbrüche mit Hilfe gravimetrischer Verfahren. Öl und Kohle 41, 744 (1939), 1—6.

---

1) Die Tiefenberechnungen aus gravimetrischen Meßergebnissen stehen an der Grenze der praktischen Leistungsfähigkeit theoretischer Berechnungen. Strengere Rechnungen enthalten so viel mathematische Vereinfachungen und Unsicherheitsfaktoren, daß einem Berechnungsresultat kaum eine größere Sicherheit zugeschrieben werden kann. Es besteht höchstens die Gefahr, daß man sich eine Sicherheit des Berechnungsergebnisses vortäuscht, welche in Wirklichkeit nicht vorhanden ist. — In diesem Zusammenhang sei auch wieder davor gewarnt, mehr aus den Meßergebnissen herauslesen zu wollen, als diese zu leisten imstande sind.

II. Das physikalische Bildungsgesetz der Figur der Erde

(Theorie der normalen Erdgestalt)

1. Die Aufgabenstellung

Vom physikalischen Gesichtspunkt aus betrachtet lautet die Frage nach der Gestalt der Erde:

Welche Figur nimmt die Erde an unter dem Einfluß der auf ihre Masse wirkenden Kräfte?

Die wirksamen Kräfte sind (indem wir von den relativ sehr kleinen Kräften, welche von anderen Himmelskörpern herrühren und zeitliche Änderungen der Erdgestalt hervorrufen, absehen):

1. Die allgemeine Massenanziehung, welche die einzelnen Teilchen der Erdmasse aufeinander ausüben,

2. die aus der Umdrehung der Erde entspringende Fliehkraft.

Gesetzmäßigkeiten zwischen der Form des Erdkörpers und den auf ihn wirkenden Kräften lassen sich nur aufstellen, wenn man annimmt, daß die Erdmasse diesen Kräften nachgibt, d. h. daß sie sich in den Zustand des hydrostatischen Gleichgewichts einstellt. Wir wissen aber, daß es restlos nicht der Fall ist, denn die Starrheit der äußeren Erdkruste, das Vorhandensein der Hochgebirge und der Tiefseerinnen usw., sind Beweise dafür, daß die physische Erdoberfläche in ihren Einzelheiten den Zustand des hydrostatischen Gleichgewichts nicht oder jedenfalls noch nicht erreicht hat. Die theoretische Erdgestalt, das Geoid, bildet zwar eine Äquipotentialfläche. Diese Definition besagt aber nur, daß die Geoidfläche eine Fläche des hydrostatischen Gleichgewichts ist; sie setzt aber nicht voraus, daß die von ihr eingeschlossene Erdmasse sich in einem solchen Gleichgewichtszustand befindet. Für die Physik des festen Erdkörpers ist es nun sehr wichtig zu wissen, welches die Gleichgewichtsfigur der Erde ist (diese Figur des vollkommenen hydrostatischen Gleichgewichts kann man als die normale Erdgestalt bezeichnen) und welche Abweichungen von diesem Gleichgewichtszustand vorhanden sind, denn auf jeden Fall streben die auf die Erdmasse wirkenden Kräfte dahin, sie in diesen Normalzustand zu bringen, so daß uns also die Abweichungen von diesem Gleichgewichtszustand einen Fingerzeig geben können über die Wirkung der Kräfte, welche den gegenwärtigen Zustand der Erde zu ändern bestrebt sind.

Bezeichnungen (außer den im Text erläuterten):

k^2 = Gravitationskonstante

M = Masse der Erde

a = Äquatorealradius

b = halbe Rotationsachse

$\alpha = \frac{a-b}{a}$ = Abplattung

g_0 = normale Schwerkraft am Äquator

g_1 = normale Schwerkraft am Pol

g_{45} = normale Schwerkraft für 45^0 geozentrische Breite

ψ = geozentrische Breite

φ = geographische Breite

C = Trägheitsmoment der Erde bezogen auf die Rotationsachse

A (bzw. B) = Trägheitsmoment der Erde bezogen auf eine in der Äquatorealebene liegende Achse

λ = geographische Länge

ω = Winkelgeschwindigkeit der Erdrotation

Für das Potential W der Schwerkraft auf der Erdoberfläche gilt der in der höheren Geodäsie allgemein bekannte Ausdruck:

$$W = \frac{k^2 M}{r}\left\{1 + \frac{C - \frac{A+B}{2}}{2 M r^2}(1 - 3\sin^2\psi) + \frac{3}{4}\cdot\frac{B-A}{M r^2}\cos^2\psi\cos 2\lambda\right\} + \frac{\omega^2 r^2 \cos^2\psi}{2} + T \qquad (1)$$

worin die höheren Glieder der Reihenentwicklung unter dem Buchstaben T zusammengefaßt werden. Diese Gleichung, welche wohl die wichtigste Grundgleichung der höheren Geodäsie darstellt, pflegt man seit den theoretischen Arbeiten von H. Bruns[1]) und F. R. Helmert[2]) in zwei Teile

$$W = U + T$$

zu zerlegen, worin man den durch

$$U = \frac{k^2 M}{r}\left\{1 + \frac{C - \frac{A+B}{2}}{2 M r^2}(1 - 3\sin^2\psi) + \frac{\omega^2 r^3 \cos^2\psi}{2 k^2 M}\right\} = \text{const.} \qquad (2)$$

dargestellten Teil (unter Vernachlässigung des sehr kleinen Gliedes mit dem Faktor $B - A$) als die Gleichung der sog. Niveausphäroide, T als diejenige der sich darüber lagernden Geoidundulationen definiert. Die Zerlegung ist eine rein formale; ein unmittelbar physikalischer Sinn ist (wenn man auch die Niveausphäroide als angenäherte mittlere Niveauflächen bezeichnen kann) damit nicht verbunden.

Das einfache Theorem von Clairaut:

$$\alpha = \frac{5}{2}\frac{\omega^2 a}{g_0} - \frac{g_1 - g_0}{g_0}$$

läßt sich aus der Gleichung U = const. sehr einfach ableiten, wenn man sich auf die Berücksichtigung der Größen, welche klein von der Größenanordnung der ersten Potenz der Abplattung sind, beschränkt. Es gilt, wie von G. Stokes[3]) nachgewiesen wurde, unabhängig davon, ob die Massen im Erdinnern sich im hydrostatischen Gleichgewicht befinden oder davon abweichen, und unabhängig von dem im Erdinnern herrschenden Gesetz der Dichtezunahme von der Erdoberfläche bis zum Erdmittelpunkt. Voraussetzung ist nur, daß die Erdoberfläche eine Niveaufläche ist, die wenig von der Kugelform abweicht und deren Normalen mit dem Radiusvektor Winkel von höchstens der Größenordnung der Abplattung einschließen.

Die Niveauflächen der Erde sind dann abgeplattete Rotationsellipsoide; die Schwerkraft g hängt von der geozentrischen ψ oder der geographischen φ Breite nach der Formel ab:

$$g = g_0\left(1 + \frac{g_1 - g_0}{g_0}\sin^2\psi\right) = g_0\left(1 + \frac{g_1 - g_0}{g_0}\sin^2\varphi\right)$$

Die höhere Geodäsie geht nun noch einen Schritt weiter, indem sie auch noch die Glieder von der Größenordnung der zweiten Potenz der Abplattung mit berücksichtigt. Dadurch wird die Theorie aber sehr viel komplizierter. Eine allgemeinere Formel für das Clairautsche Theorem, in welcher alle Glieder von der Größenordnung der zweiten Potenz der Abplattung berücksichtigt werden, hat F. R. Helmert entwickelt. Praktisch benutzen

[1]) H. Bruns, Die Figur der Erde. Berlin 1878.

[2]) F. R. Helmert, Theorien der höheren Geodäsie, Bd. II, Berlin 1884, S. 57 ff. — Die Schwerkraft und die Massenverteilung der Erde. Enzykl. d. mathemat. Wissensch. VI 1 B, Heft 2, Leipzig 1910.

[3]) G. Stokes, Cambr. Publ. Math., Bd. 4, 1849. — Trans. Cambr. Phil. Soc., Bd. 8, 1849.

kann man diese Formel aber nur, wenn man von bestimmten Annahmen über die Dichteverteilung im Erdinnern ausgeht. HELMERT und BRUNS begnügten sich daher mit Abschätzungen der letzten Glieder. Verschiedene Autoren[1]) haben später — unter Berücksichtigung der zweiten Potenz der Abplattung — eine „Erweiterung" des CLAIRAUTschen Theorems aus der Gleichung (2) abgeleitet. Das wird mathematisch dann zwar sehr einfach; man begeht dabei aber folgenden Fehler: Bei der Zerlegung des Schwerepotentials in U und T umfaßt der Summand T Glieder der Reihenentwicklung, welche von den Kugelfunktionen dritter und höherer Ordnung abhängen. Der Faktor der Kugelfunktion 4. Ordnung enthält aber noch Größen in der Größenordnung der zweiten Potenz der Abplattung. Würde man also eine „Erweiterung" des CLAIRAUTschen Theorems aus der Gleichung (2): $U = \text{const.}$ ableiten, so hat man damit nur einen Teil der Glieder von der Größenordnung der zweiten Potenz der Abplattung berücksichtigt, und es ist ohne weiteres ersichtlich, daß man damit zu einer Korrektion des einfachen CLAIRAUTschen Theorems gelangt, von welcher man nicht sagen kann, ob sie eine Verbesserung oder eine Verschlechterung der einfachen CLAIRAUTschen Formel bedeutet. Eine solche Annäherung ist daher praktisch wertlos, weil die Schärfe der Rechnung gerade bei der Dezimalen, an deren Sicherstellung der Theorie gerade gelegen ist, aufhört. Ebenso ist die erwähnte formale Teilung des Geoids in das Niveausphäroid und die Geoidundulationen unzweckmäßig. Physikalisch sinngemäßer ist die Trennung des Schwerepotentials in einen normalen und einen anormalen Teil, von welchen der erstere die normale Erdgestalt (im folgenden auch Normalsphäroid genannt), der zweite die Abweichungen davon, die Geoidundulationen, umfaßt. Der Verlauf der Normalschwere auf der Oberfläche des Normalsphäroids ist wichtig, um die Abweichungen der an den einzelnen Punkten der physischen Erdoberfläche gemessenen Schwerkraft vom Normalwert zu bestimmen, da deren Kenntnis es nicht nur ermöglicht, die Abweichungen des Geoids vom Normalsphäroid zu berechnen, sondern auch die Anhaltspunkte liefert, aus welchen man Schlüsse in bezug auf die unterhalb der Erdoberfläche vorhandenen Massenungleichheiten ziehen kann.

Es soll daher im folgenden eine möglichst einfache und übersichtliche Theorie der normalen Erdgestalt bzw. der normalen Schwerkraft entwickelt werden, in welcher streng alle Glieder, welche klein von der Größenordnung der zweiten Potenz der Abplattung $\left[\text{also die Größen } \alpha^2, \left(\frac{\omega^2 a}{g_0}\right)^2 \text{ und } \left(\frac{g_1 - g_0}{g_0}\right)^2\right]$ sind, noch mit berücksichtigt werden.

2. Die Grundform der normalen Erdfigur

Da die normale Figur der Erde unabhängig davon, welche Gesetzmäßigkeit in der Dichtezunahme von der Erdoberfläche bis zum Erdmittelpunkt herrscht, in erster Annäherung (d. h. also, wenn wir nur die kleinen Größen bis zur ersten Potenz der Abplattung berücksichtigen) ein Rotationsellipsoid ist, so kann ihre Abweichung (indem wir jetzt einen Schritt weiter gehen und auch noch die kleinen Größen von der Größenordnung der zweiten Potenz der Abplattung berücksichtigen) von einem Rotationsellipsoid gleicher Achsen ebenfalls nur von der Größenordnung der zweiten Potenz der Abplattung sein. Bezeichnen wir mit r' den Radiusvektor dieses Rotationsellipsoids, mit r den Radiusvektor der Niveaufläche, so können wir als Ansatz von folgendem, nach Potenzen von α in eine Reihe entwickelten Ausdruck ausgehen:

$$r = a\left\{1 - \alpha \sin^2 \psi - \left(\frac{3}{8}\alpha^2 + \beta\right)\sin^2 2\psi\right\} \tag{3 a}$$

$$r' = a\left\{1 - \alpha \sin^2 \psi - \frac{3}{8}\alpha^2 \sin^2 2\psi\right\} \tag{3 b}$$

Der Parameter β gibt also die Abweichung der Niveaufläche von dem achsengleichen Rotationsellipsoid an.

[1]) H. BUCHHOLZ, Angewandte Mathematik, Leipzig 1916, S. 506 ff. — H. SCHMEHL im Handbuch der Experimentalphysik, Bd. XXV, 2, S. 154 ff. — O. MEISSER, Praktische Geophysik, Leipzig 1943, S. 39. — Handwörterbuch d. Naturwissenschaften, S. 312.

Um die Beziehung zwischen der geographischen (φ) und der geozentrischen (ψ) Breite der Punkte auf der Niveaufläche aufzustellen, benutzen wir die rechtwinkligen Koordinaten:

$$x = r \cdot \cos \psi$$
$$y = r \cdot \sin \psi$$

Für den Richtungswinkel φ der Normalen einer Funktion $f(xy) = 0$ gilt:

$$tg\, \varphi = \frac{\dfrac{\partial f}{\partial y}}{\dfrac{\partial f}{\partial x}}$$

Die Anwendung auf Gleichung (3 a) ergibt:

$$tg\, \varphi = tg\, \psi\, (1 + 2\alpha + 3\alpha^2 + 8\beta \cos 2\psi) \tag{4}$$

Aus den Gleichungen (3) und (4) folgt die Abweichung der Niveaufläche (r, φ) gegen das Rotationsellipsoid (r', φ') mit denselben Achsen (d. h. $\beta = 0$):

$$r' - r = a \cdot \beta \sin^2 2\psi$$
$$\varphi - \varphi' = 2\beta \sin 4\psi$$

$\varphi - \varphi'$ ist Null für $\psi = 0^0 = 45^0 = 90^0$, hat das Maximum für $\psi = 22\tfrac{1}{2}^0$ zu

$$\varphi - \varphi' = 2\beta$$

das Minimum für $\psi = 67\tfrac{1}{2}^0$ zu

$$\varphi - \varphi' = -2\beta$$

Für die Schwerkraft g gilt allgemein (wobei wir das Vorzeichen, um mit g, wie es üblich ist, den absoluten Wert der Schwere zu bezeichnen, umdrehen):

$$g = \sqrt{\left(\frac{\partial W}{\partial r}\right)^2 + \left(\frac{\partial W}{r \cdot \partial \psi}\right)^2} = -\frac{\partial W}{\partial r}\left\{1 + \frac{1}{2}\left[\frac{\dfrac{\partial W}{r\,\partial \psi}}{\dfrac{\partial W}{\partial r}}\right]^2 + \cdots\right\} \tag{5}$$

Als Funktion der geozentrischen Breite ψ läßt sich die Schwerkraft durch die Formel darstellen:

$$g = g_0 \left\{1 + \frac{g_1 - g_0}{g_0} \sin^2 \psi + \gamma \sin^2 2\psi\right\} \tag{6 a}$$

worin $\gamma = \dfrac{2 g_{45} - (g_1 + g_0)}{2 g_0}$ gesetzt ist.

Die Schwerkraft läßt sich auch — wie in der Geophysik allgemein gebräuchlich ist — als Funktion der geographischen Breite φ ausdrücken:

$$g = g_0 \left\{1 + \frac{g_1 - g_0}{g_0} \sin^2 \varphi + \gamma' \sin^2 2\varphi\right\} \tag{6 b}$$

Den Faktor γ' erhalten wir mit Hilfe der zwischen geozentrischer und geographischer Breite bestehenden Beziehung (4).

Bezeichnen wir die zu $\psi = 45^0$ gehörige geographische Breite mit φ_1, so ist nach (6 a) und (6 b):

$$\gamma' = \frac{1}{\sin^2 2\varphi_1} \left\{\frac{g_1 - g_0}{g_0} \left(\frac{1}{2} - \sin^2 \varphi_1\right) + \gamma\right\}$$

φ_1 ergibt sich aus Gleichung (4) zu:

$$\sin^2 \varphi_1 = \frac{1}{2}(1 + 2\alpha)$$
$$\sin^2 2\varphi_1 = 1$$

Damit erhalten wir für γ':

$$\gamma' = \gamma - \alpha \frac{g_1 - g_0}{g_0} \tag{7}$$

3. Die Bestimmung der Parameter der normalen Erdoberfläche

Da es nach einem bekannten Satz der Potentialtheorie unendlich viele Möglichkeiten für die Massenverteilung innerhalb einer gegebenen Niveaufläche gibt, so können wir uns auch die gesamte Masse M der Erde vereinigt denken in Form eines innerhalb der Erdoberfläche liegenden homogenen Rotationsellipsoids von der Abplattung α_1 und der großen Halbachse a_1 bei unveränderter Lage der Achsen. Über α_1 und a_1 wird also nichts weiter vorausgesetzt als nur, daß sie der Bedingung entsprechen, daß die Niveaufläche, welche die Oberfläche der in vollkommenem hydrostatischen Gleichgewicht befindlichen Erde bilden würde, unverändert bleibt.

Das Gravitationspotential V eines solchen Rotationsellipsoids in einem Punkt $P\ (r, \psi)$ außerhalb ist[1]):

$$V = \frac{k^2 M}{r}\left\{1 - \frac{2}{5}\left(\alpha_1 - \frac{\alpha_1^2}{2}\right)\frac{a_1^2}{r^2} P_{(2)} + \frac{12}{35}\frac{\alpha_1^2 a_1^4}{r^4} P_{(4)}\right\}$$

worin $P_{(2)}$ und $P_{(4)}$ die Kugelfunktionen 2. und 4. Ordnung bedeuten:

$$P_{(2)} = \frac{3}{2}\sin^2\psi - \frac{1}{2}$$

$$P_{(4)} = \frac{35}{8}\sin^4\psi - \frac{15}{4}\sin^2\psi + \frac{3}{8}$$

Die Hauptträgheitsmomente des Rotationsellipsoids A (in bezug auf eine in der Äquatorealebene liegende Achse) und C (in bezug auf die Rotationsachse) sind:

$$A = \frac{2}{5} M a_1^2 \left(1 - \alpha_1 + \frac{\alpha_1^2}{2}\right)$$

$$C = \frac{2}{5} M a_1^2$$

Bedeutet ω die Winkelgeschwindigkeit der Rotation, so erhalten wir für das Potential W der Schwerkraft unter Benutzung der Ausdrücke für A und C die Formel:

$$W = \frac{k^2 M}{r}\left\{1 - \frac{C - A}{M r^2} P_{(2)} + \frac{12}{35}\alpha_1^2 \frac{a_1^4}{r^4} P_{(4)} + \frac{\omega^2 r^3}{2 k^2 M}\cos^2\psi\right\} \tag{8}$$

Unter Benutzung der Gleichungen (3a) und (5) erhalten wir daraus für die Schwerkraft am Äquator (g_0), in 45° geozentrischer Breite (g_{45}) und am Pol (g_1):

$$g_0 = \frac{k^2 M}{a^2}\left\{1 + \frac{3}{2}\frac{C - A}{M a^2} + \frac{9}{14}\alpha_1^2 \frac{a_1^4}{a^4} - \frac{\omega^2 a^3}{k^2 M}\right\} \tag{9a}$$

$$g_{45} = \frac{k^2 M}{a^2}\left\{1 + \alpha + \frac{3}{2}\alpha^2 + 2\beta - \frac{3}{4}\frac{C - A}{M a^2}(1 + 2\alpha) - \frac{39}{56}\alpha_1^2 \frac{a_1^4}{a^4}\right. .$$
$$\left. - \frac{\omega^2 a^3}{2 k^2 M}\left(1 - \frac{\alpha}{2}\right) + \frac{1}{8}\left(3\frac{C - A}{M a^2} + \frac{\omega^2 a^3}{k^2 M}\right)^2\right\} \tag{9b}$$

$$g_1 = \frac{k^2 M}{a^2}\left\{1 + 2\alpha + 3\alpha^2 - 3\frac{C - A}{M a^2}(1 + 4\alpha) + \frac{12}{7}\alpha_1^2 \frac{a_1^4}{a^4}\right\} \tag{9c}$$

In derselben Weise erhalten wir aus Gleichung (8):

$$W = \frac{k^2 M}{a}\left\{1 + \frac{C - A}{2 M a^2} + \frac{9}{70}\alpha_1^2 \frac{a_1^4}{a^4} + \frac{\omega^2 a^3}{2 k^2 M}\right\} \tag{10a}$$

$$W = \frac{k^2 M}{a}\left\{1 + \frac{\alpha}{2} + \frac{5}{8}\alpha^2 + \beta - \frac{C - A}{4 M a^2}\left(1 + \frac{3}{2}\alpha\right) - \frac{39}{280}\alpha_1^2 \frac{a_1^4}{a^4} + \frac{\omega^2 a^3}{4 k^2 M}(1 - \alpha)\right\} \tag{10b}$$

$$W = \frac{k^2 M}{a}\left\{1 + \alpha + \alpha^2 - \frac{C - A}{M a^2}(1 + 3\alpha) + \frac{12}{35}\alpha_1^2 \frac{a_1^4}{a^4}\right\} \tag{10c}$$

---

[1]) Siehe z. B. F. HELMERT, a. a. O., S. 125 u. 130.

Aus (10 a) und (10 c) folgt unter Benutzung von (9 a):

$$\frac{C-A}{M a^2} = \frac{2}{3}\,\alpha\,(1-\alpha) - \frac{\omega^2 a}{3 g_0}\left(1-\alpha-\frac{3}{2}\frac{\omega^2 a}{g_0}\right) + \frac{\alpha_1{}^2}{7}\cdot\frac{a_1{}^4}{a^4} \tag{11}$$

$$\frac{k^2 M}{a^2} = g_0\left\{1-\alpha+\frac{3}{2}\frac{\omega^2 a}{g_0}+2\,\alpha^2-\frac{5}{2}\,\alpha\,\frac{\omega^2 a}{g_0}-\frac{6}{7}\,\alpha_1{}^2\,\frac{a_1{}^4}{a^4}\right\} \tag{12}$$

Das unbekannte Glied $\alpha_1{}^2 \frac{a_1{}^4}{a^4}$ können wir durch den Parameter β ausdrücken. Aus den Gleichungen (10 a) und (10 b) folgt unter Benutzung von (11) und (12):

$$\alpha_1{}^2\,\frac{a_1{}^4}{a^4} = \frac{1}{3}\left(8\beta+7\alpha^2-5\alpha\,\frac{\omega^2 a}{g_0}\right) \tag{13}$$

Aus (9 a) und (9 c) erhalten wir unter Benutzung von (11), (12) und (13):

$$\alpha = \frac{5}{2}\frac{\omega^2 a}{g_0} - \frac{g_1-g_0}{g_0} + \frac{17}{14}\frac{\omega^2 a}{g_0}\frac{g_1-g_0}{g_0} - \frac{85}{28}\left(\frac{\omega^2 a}{g_0}\right)^2 + \frac{8}{7}\,\beta \tag{14}$$

Diese Gleichung stellt die erweiterte Form des Clairautschen Theorems dar, in welcher sämtliche Glieder von der Größenordnung der zweiten Potenz der Abplattung berücksichtigt sind.

Der Parameter β hängt davon ab, welches Dichtegesetz im Erdinnern herrscht. Es läßt sich aber zeigen, daß er selbst im extremsten Falle sehr klein bleibt und innerhalb eines ziemlich eng begrenzten Intervalls liegen muß, so daß sich seine Größe recht gut abschätzen läßt, ohne daß es nötig ist, eine Annahme über die Dichteverteilung im Erdinnern zu machen. Zu diesem Zweck betrachten wir die beiden Grenzfälle, welche überhaupt für die Dichtezunahme nach dem Erdmittelpunkt möglich sind:

Grenzfall I: Die Erdmasse ist homogen.

Grenzfall II: Der Anstieg der Dichte von der Erdoberfläche bis zum Erdmittelpunkt ist derart, daß man sich hinsichtlich der Gravitationswirkung die gesamte Erdmasse als im Mittelpunkt vereinigt denken kann.

Grenzfall I

In diesem Falle ist die Gleichgewichtsfigur der Erde ein abgeplattetes Rotationsellipsoid, d. h. es ist $\beta = 0$ und nach S. 47 ist:

$$\frac{C-A}{M a^2} = \frac{2}{5}\left(\alpha-\frac{\alpha^2}{2}\right)$$

Damit folgt nach Gleichung (11) und (14):

$$\alpha = \frac{5}{4}\frac{\omega^2 a}{g_0}\left(1-\frac{69}{56}\frac{\omega^2 a}{g_0}\right) \tag{15 a}$$

Und unter Benutzung von (13) erhalten wir:

$$\alpha = \frac{g_1-g_0}{g_0}\left(1-\frac{g_1-g_0}{g_0}\right) \tag{15 b}$$

Grenzfall II

In diesem Falle ist:

$$\frac{C-A}{M a^2} = 0 \quad \text{und} \quad \alpha_1{}^2\,\frac{a_1{}^4}{a^4} = 0$$

Aus Gleichung (11) ergibt sich damit:

$$\alpha = \frac{1}{2}\frac{\omega^2 a}{g_0}\left(1-\frac{3}{2}\frac{\omega^2 a}{g_0}\right) \tag{16 a}$$

Unter Benutzung von Gleichung (13) folgt daraus:

$$\alpha = \frac{1}{4}\,\frac{g_1 - g_0}{g_0}\left(1 - \frac{13}{16}\,\frac{g_1 - g_0}{g_0}\right) \tag{16b}$$

Der Parameter β ergibt sich nach Gleichung (14) und (16) zu:

$$\beta = \frac{3}{32}\left(\frac{\omega^2 a}{g_0}\right)^2 \tag{17a}$$

$$\beta = \frac{3}{128}\left(\frac{g_1 - g_0}{g_0}\right)^2 \tag{17b}$$

Da das wirkliche Dichtegesetz des Erdinnern irgendwie innerhalb der durch diese beiden extremen Fälle charakterisierten Grenzen liegt, so müssen auch die wirklichen Werte für die Parameter α und β innerhalb der entsprechenden Grenzwerte liegen. Den Wert für die Abplattung kennen wir schon mit recht großer Annäherung nach Gleichung (13), wenn wir uns mit der Berücksichtigung der Glieder von der Größenordnung der ersten Potenz der Abplattung begnügen. Der — weniger wichtige — Parameter β muß innerhalb der Grenze $\beta_I = 0$ und der durch die Gleichungen (17) gegebenen Grenzwerte β_{II} liegen. Seine Größe läßt sich hinreichend genau abschätzen: Da β von der Größenordnung von α^2 ist, so können wir mit Annäherung annehmen, daß der wirkliche Wert von β ungefähr in demselben Verhältnis zwischen den Grenzwerten liegt wie der wirkliche Wert von α^2 zwischen den entsprechenden Grenzwerten.

Demnach gilt mit Annäherung:

$$\frac{\alpha_I{}^2 - \alpha^2}{\alpha_I{}^2 - \alpha_{II}{}^2} \cong \frac{\beta_I - \beta}{\beta_I - \beta_{II}} \quad \text{d. h.} \quad \beta \cong \beta_{II}\,\frac{\alpha_I{}^2 - \alpha^2}{\alpha_I{}^2 - \alpha_{II}{}^2} \tag{18}$$

wobei einzusetzen ist:

$$\beta_{II} = \frac{3}{32}\left(\frac{\omega^2 a}{g_0}\right)^2 = \frac{3}{128}\left(\frac{g_1 - g_0}{g_0}\right)^2$$

$$\alpha_{II}{}^2 = \frac{1}{4}\left(\frac{\omega^2 a}{g_0}\right)^2 = \frac{1}{16}\left(\frac{g_1 - g_0}{g_0}\right)^2$$

$$\alpha_I{}^2 = \frac{25}{16}\left(\frac{\omega^2 a}{g_0}\right)^2 = \left(\frac{g_1 - g_0}{g_0}\right)^2$$

$$\alpha^2 \cong \left(\frac{5}{2}\,\frac{\omega^2 a}{g_0} - \frac{g_1 - g_0}{g_0}\right)^2$$

Die Rechnung läßt sich also doppelt — mit den ersten oder den zweiten Werten — durchführen. Setzen wir die einzelnen Ausdrücke in die Gleichung (18) ein, so erhalten wir für β:

$$\beta \cong \frac{1}{224}\left[80\,\frac{\omega^2 a}{g_0}\cdot\frac{g_1 - g_0}{g_0} - 16\left(\frac{g_1 - g_0}{g_0}\right)^2 - 75\left(\frac{\omega^2 a}{g_0}\right)^2\right] \cong \frac{1}{32}\left[4\,\frac{\omega^2 a}{g_0}\cdot\frac{g_1 - g_0}{g_0} - 5\left(\frac{\omega^2 a}{g_0}\right)^2\right]$$

Durch Mittelbildung aus diesen beiden Werten folgt:

$$\beta \cong \frac{1}{4}\cdot\frac{\omega^2 a}{g_0}\,\frac{g_1 - g_0}{g_0} - \frac{1}{4}\left(\frac{\omega^2 a}{g_0}\right)^2 - \frac{1}{28}\left(\frac{g_1 - g_0}{g_0}\right)^2 \tag{19a}$$

Setzen wir diesen Ausdruck für β in die Grundformeln (11), (12) und (14) ein, so erhalten wir unter Benutzung von (13):

$$\alpha = \frac{5}{2}\,\frac{\omega^2 a}{g_0} - \frac{g_1 - g_0}{g_0} - \frac{93}{28}\left(\frac{\omega^2 a}{g_0}\right)^2 + \frac{3}{2}\,\frac{\omega^2 a}{g_0}\cdot\frac{g_1 - g_0}{g_0} - \frac{2}{49}\left(\frac{g_1 - g_0}{g_0}\right)^2 \tag{19b}$$

$$\frac{k^2 M}{a^2} = g_0\left\{1 - \frac{\omega^2 a}{g_0} + \frac{g_1 - g_0}{g_0} + \frac{17}{14}\left(\frac{\omega^2 a}{g_0}\right)^2 - \frac{29}{14}\cdot\frac{\omega^2 a}{g_0}\cdot\frac{g_1 - g_0}{g_0} + \frac{117}{98}\left(\frac{g_1 - g_0}{g_0}\right)^2\right\} \tag{19b}$$

$$\frac{C - A}{M a^2} = \frac{2}{3}\left\{2\,\frac{\omega^2 a}{g_0} - \frac{g_1 - g_0}{g_0} - \frac{307}{56}\left(\frac{\omega^2 a}{g_0}\right)^2 + 4\,\frac{\omega^2 a}{g_0}\cdot\frac{g_1 - g_0}{g_0} - \frac{3}{49}\left(\frac{g_1 - g_0}{g_0}\right)^2\right\} \tag{19c}$$

Diese Gleichungen stellen also zusammen mit der Beziehung (19a) die Grundformeln für die normale Erdgestalt dar. Dazu kommen noch die Gleichungen (6a) und (6b), welche die Abhängigkeit der Schwerkraft auf dem Normalsphäroid als Funktion der geozentrischen bzw. der geographischen Breite darstellen. Die Koeffizienten γ bzw. γ' in diesen Formeln ergeben sich aus den Gleichungen (9) unter Benutzung von (13) und (19) zu:

$$\left.\begin{aligned} \gamma &= \frac{7}{4}\frac{\omega^2 a}{g_0}\cdot\frac{g_1-g_0}{g_0} - \frac{1}{32}\left(\frac{\omega^2 a}{g_0}\right)^2 - \frac{43}{56}\left(\frac{g_1-g_0}{g_0}\right)^2 \\ \gamma' &= \frac{3}{4}\frac{\omega^2 a}{g_0}\cdot\frac{g_1-g_0}{g_0} - \frac{1}{32}\left(\frac{\omega^2 a}{g_0}\right)^2 + \frac{13}{56}\left(\frac{g_1-g_0}{g_0}\right)^2 \end{aligned}\right\} \quad (19\,\mathrm{e})$$

4. Numerische Werte

Der Anwendung der theoretisch abgeleiteten Formeln auf das normale Erdsphäroid seien folgende Zahlenwerte zugrunde gelegt:

$$\frac{g_1-g_0}{g_0} = 0{,}00\,52\,890$$

$$\frac{\omega^2 a}{g_0} = 0{,}00\,34\,678$$

Entspräche die Dichteverteilung im Erdinnern den behandelten Grenzfällen I und II, so würden sich mit diesen Größen folgende Werte für die Parameter α und β ergeben:

Grenzfall I:

$$\alpha = 0{,}00\,430 = \frac{1}{232} \quad \text{nach Gleichung (15a)}$$

$$\alpha = 0{,}00\,525 = \frac{1}{190} \quad \text{nach Gleichung (15b)}$$

$$\beta = 0$$

Grenzfall II:

$$\alpha = 0{,}00\,172 = \frac{1}{581} \quad \text{nach Gleichung (16a)}$$

$$\alpha = 0{,}00\,132 = \frac{1}{759} \quad \text{nach Gleichung (16b)}$$

$$\beta = 1{,}13\cdot 10^{-6} \quad \text{nach Gleichung (17a)}$$

$$\beta = 0{,}655\cdot 10^{-6} \quad \text{nach Gleichung (17b)}$$

Nach den Gleichungen (19) erhalten wir folgende Werte für die Größen des Normalsphäroids:

$$\beta = 0{,}58\cdot 10^{-6}$$

$$\alpha = 0{,}00\,33\,67 = \frac{1}{297}$$

$$\left(\text{Zum Vergleich: } \alpha_0 = \frac{5}{2}\frac{\omega^2 a}{g_0} - \frac{g_1-g_0}{g_0} = 0{,}00\,33\,805 = \frac{1}{295{,}8}\right)$$

$$\frac{k^2 M}{a^2} = g_0\cdot 1{,}00\,18\,31$$

$$\frac{C-A}{M a^2} = 0{,}00\,11\,013$$

$$\gamma = +\,10{,}3\cdot 10^{-6}$$

$$\gamma' = -\,7{,}6\cdot 10^{-6}$$

Mit dem gefundenen Wert von β ergeben sich als Abweichungen der normalen Erdfigur (r, φ) gegen das achsengleiche Rotationsellipsoid (r', φ') nach S. 46:

$$r' - r = 3{,}7 \text{ m} \qquad \text{für } \psi = 45^0$$
$$\varphi - \varphi' = +0{,}''23 \qquad \text{für } \psi = 22\tfrac{1}{2}^0$$
$$\varphi - \varphi' = -0{,}''23 \qquad \text{für } \psi = 67\tfrac{1}{2}^0$$

Da β positiv ist, so verläuft das normale Erdsphäroid ganz innerhalb des achsengleichen Rotationsellipsoids. Bei den Niveausphäroiden (s. S. 44) ist das umgekehrt der Fall: Die Niveausphäroide schließen das achsengleiche Rotationsellipsoid in sich ein. Nach Bruns ist die maximale Erhebung des Niveausphäroids über das achsengleiche Rotationsellipsoid 19,1 m, nach Helmert 12,7 m.

Eine theoretische Berechnung des Parameters β wurde zuerst durchgeführt von E. Wiechert[1]) (1897) auf Grund der Annahme einer zweiteiligen Erde (das ist der einfachste Fall, für welchen die Rechnung mathematisch exakt ausführbar ist; für eine dreiteilige Erde ist schon ein ziemlich umständliches Näherungsverfahren erforderlich. Alle anderen Annahmen über die Dichtezunahme im Erdinnern erlauben nur eine näherungsweise Bestimmung von β). Wiechert fand für β den Wert $\beta = 4{,}4 \cdot 10^{-7}$. Später haben zwei Schüler Wiecherts die gleichen Rechnungen für andere Dichtegesetze durchgeführt: W. Klussmann[2]) (1915) unter Annahme einer dreiteiligen Erde (Resultat: $\beta = 4{,}7 - 6{,}5 \cdot 10^{-7}$) und H. Haalck[3]) (1921) auf Grund neuer Annahmen über die Dichteverteilung im Erdinnern und der Laplaceschen Dichteformel (Resultat: $\beta = 5{,}5 \cdot 10^{-7}$) [die Werte sind umgerechnet auf die Bezeichnung β nach Gleichung (3 a)]. Die Übereinstimmung dieser Berechnungsergebnisse mit dem auf Grund der Formel (19 a) sich ergebenden Wert für β ist befriedigend. — Für den Faktor γ' in der Schwereformel (6 b) findet Wiechert den Wert $\gamma' = -7 \cdot 10^{-6}$, der ebenfalls nur unerheblich von dem oben gefundenen Wert abweicht. G. H. Darwin[4]), der 1899 ebenfalls den Parameter β und den Faktor γ' in der Schwereformel (6 b) auf Grund der Rocheschen Dichteformel berechnete, kommt zu Ergebnissen, welche im wesentlichen mit denjenigen E. Wiecherts übereinstimmen. Zur vollständigen Durchführung der Berechnung waren jedoch vereinfachende Annahmen nötig, und eine Nachprüfung der Rechnung durch E. A. Ansel[5]) hat einen erheblich abweichenden Wert ($\gamma' = +1{,}7 \cdot 10^{-6}$ statt $\gamma' = -7 \cdot 10^{-6}$) ergeben.

Zum Vergleich sei angeführt, wie sich der Faktor γ' in der Schwereformel (6 b) aus den Schwerkraftsmessungen an der Erdoberfläche ergibt. Helmert[6]) findet 1901:

Aus Küstenstationen . . . $\gamma' = +0{,}000\,010 \pm 14$

aus Festlandstationen . . . $\gamma' = -0{,}000\,013 \pm 12$

Da der Koeffizient γ' empirisch auf diesem Wege nur sehr unsicher herauskommt, so hat Helmert in seiner genauen Formel für die normale Schwerkraft im Meeresniveau dafür den von E. Wiechert theoretisch berechneten Wert $\gamma' = -0{,}000\,007$ angenommen.

Es sei noch besonders darauf hingewiesen, daß die Formeln (19) unabhängig von der Annahme eines Dichtegesetzes im Erdinnern gelten. Das bedeutet, daß wir keine Möglichkeit haben, aus der Schwereverteilung auf der Erdoberfläche beurteilen zu können, ob die Schichtung der Massen im tiefen Erdinnern den Gesetzen der Hydrostatik entspricht oder nicht. Jedoch erlauben unsere Kenntnisse über das Verhalten der Materie unter den im tiefen Erdinnern herrschenden physikalischen Bedingungen nicht, das hydrostatische Gleichgewicht zu bezweifeln (das gilt natürlich nur für das tiefere Innere der Erde. Für die äußere starre Erdkruste,

---

1) E. Wiechert, Über die Massenverteilung im Innern der Erde. Göttinger Nachrichten 1897.

2) W. Klussmann, Über das Innere der Erde. Gerlands Beitr. z. Geophysik, Bd. XIV, 1915.

3) H. Haalck, Diss. Göttingen 1921 (ungedruckt).

4) G. H. Darwin, Theory of the Figure of the Earth carried to the second order of small quantities. Monthly Not. of R. A. S. London, Dec. 1899.

5) E. A. Ansel, Handbuch der Geophysik, Bd. I, S. 599, Berlin 1936.

6) F. R. Helmert, Berliner Berichte, 1901, S. 336 und Helmert-Berroth, Berliner Berichte, 1915, S. 683.

deren Abweichungen vom hydrostatischen Gleichgewichtszustand schon äußerlich durch das Vorhandensein der Hochgebirge und der Tiefseerinnen usw. erkennbar sind, gilt es örtlich nur bedingt, bzw. von einer gewissen Tiefe an).

Es ist nun noch folgendes zu beachten:

Als international einheitliche Bezugsfläche für alle Erdmessungen hat man in der Geodäsie das Erdellipsoid mit der großen Halbachse $a = 6\,378\,388$ m und dem Abplattungswert $\alpha = 0{,}00\,336\,7 = \frac{1}{297}$ (die Hayfordschen Werte) angenommen. Alle Richtungen und Abstände zwischen geodätischen Punkten auf der Erde werden auf diese Fläche bezogen, und die Geometrie der Geodäsie ist auf diesem Rotationsellipsoid aufgebaut. Die Formeln (6) für die normale Schwerkraft beziehen sich aber nicht auf die international festgesetzte Bezugsfläche, sondern auf das Normalsphäroid gleicher Abplattung. Praktisch spielt der Unterschied zwar keine Rolle. Aus Gründen der Zweckmäßigkeit hat man es aber für wünschenswert gehalten, für alle Zweige der Erdmessung nur e i n e Bezugsfläche zu haben. Da dieses nur das internationale Erdellipsoid sein kann, so muß die auf das Normalsphäroid bezogene Schwere auf das achsengleiche Rotationsellipsoid umgerechnet werden (wozu m. E. in diesem Falle keine Notwendigkeit vorliegt). Das kann mit genügender Annäherung in sehr einfacher Weise nach der Freiluftreduktion erfolgen: Da der Unterschied zwischen den beiden Flächen in mittleren Breiten nur etwa 3,7 m im Radius beträgt, so bleibt die Korrektion sehr klein. Sie beträgt für $\psi = 45^0$ nur:

$$\Delta g = -0{,}3086 \cdot 10^{-3} \cdot 3{,}7 = -1{,}1 \text{ mgal}$$

Diesen Betrag muß man also zu dem normalen Schwerewert für $\Psi = 45^0$ hinzufügen, um den für das achsengleiche Rotationsellipsoid geltenden Normalwert zu erhalten. (Man darf nicht außer acht lassen, daß dieses Referenzellipsoid streng genommen dann keine normale Niveaufläche mehr ist.) Bezogen auf das internationale Erdellipsoid lautet demnach die Formel für die Abhängigkeit der normalen Schwerkraft g von der geographischen Breite φ:

$$g = g_0 \left\{1 + \frac{g_1 - g_0}{g_0} \sin^2 \varphi - 0{,}000\,008\,7 \sin^2 2\varphi\right\} \tag{20}$$

In der von der internationalen Geophysikalischen und Geodätischen Union auf der Tagung in Stockholm 1931 festgesetzten Formel ist für den Faktor von $\sin^2 2\varphi$ entsprechend der Theorie von Somigliana[1]) der Wert $-0{,}0000059$ angenommen worden.

Durch die Annahme der Hayfordschen Werte für das einheitliche internationale Referenzellipsoid ist auch der Faktor $\frac{g_1 - g_0}{g_0}$ in der Schwereformel von vornherein festgelegt: Er muß so gewählt werden, daß sich nach dem erweiterten Clairautschen Theorem Formel (19b) der Hayfordsche Abplattungswert $\alpha = \frac{1}{297}$ ergibt. Das ist der Fall, wenn $\frac{g_1 - g_0}{g_0} = 0{,}0052890$ angenommen wird.

[1]) Somigliana, Teoria generale del Campo Gravitazionale dell'Ellipsoidi di Rotazione. Mem. della Soc. Astron. Ital., IV. 1929. — Vgl. auch: G. Cassini, Sur l'Adoption d'une Formule internationale pour la Pesanteur normale. Bulletin géodésique, Nr. 26, 1930.

Schlußbemerkung

Zur Klarstellung der in der höheren Geodäsie benutzten Begriffe sei nochmals darauf hingewiesen, daß die seit BRUNS und HELMERT übliche Definition der „Niveausphäroide" eine etwas andere wird, wenn man die Glieder von der Größenordnung der zweiten Potenz der Abplattung mit berücksichtigt (vgl. S. 44). Das darauf beruhende „Normalsphäroid" hat seine eindeutig klare physikalische Bedeutung als die Figur des hydrostatischen Gleichgewichts der Erde. Auf dieses sind die bestehenden Abweichungen, die Geoidundulationen, zu beziehen. — In diesem Zusammenhang sei erwähnt, daß auch die Begriffe Lotstörung, Lotablenkung und Lotabweichung heute nicht immer in gleichem Sinne gebraucht werden:

Ursprünglich bedeuten alle 3 Bezeichnungen dasselbe, nämlich die Abweichung der Richtung des Lots an einem Punkte der Erdoberfläche von der Richtung, die es „normalerweise" haben würde, d. h. wenn die Erde sich vollkommen im hydrostatischen Gleichgewicht befinden würde. Der rechnerischen Vereinfachung wegen setzt man in der höheren Geodäsie an die Stelle des „Normalsphäroids" das von ihm nur sehr wenig abweichende (die Abweichungen sind — vgl. S. 51 — so geringfügig, daß ihre Vernachlässigung wirklich keine Rolle spielt), aber mathematisch einfacher zu behandelnde „Referenzellipsoid", als dem Rotationsellipsoid, welches sich der Gesamtheit der über die ganze Erde verteilten astronomisch-geodätischen und Schwerkraftsmessungen am besten anschmiegt. Man nimmt an, daß das bis jetzt am vollkommensten beim HAYFORDschen Ellipsoid der Fall ist. Nun benutzt man stattdessen aber zuweilen auch andere Referenzellipsoide, die man aus einem beschränkten Ausgleichungsgebiet abgeleitet hat. Ein prinzipieller Unterschied besteht aber nicht und es ist daher m. E. nicht angebracht, die Abweichungen der physischen Lotrichtung von der Richtung der Normalen des HAYFORDschen Ellipsoids — als der normalen Erdfigur — als „Lotabweichung", die Abweichungen von der Richtung der Normalen anderer Referenzellipsoide dagegen als „Lotstörungen" zu definieren. In jedem Falle ist es wegen der Uneinheitlichkeit der Bezeichnungsweise in der höheren Geodäsie notwendig, bei der Anwendung der Begriffe Lotstörung (= Lotablenkung) und Lotabweichung stets die Bezugsfläche anzugeben.

In der Geophysik werden aber doch häufig die Begriffe „Lotstörung" und „Lotabweichung" als voneinander getrennte Bezeichnungen benutzt, indem man sich den Unterschied der physischen Lotrichtung von der Normalrichtung des Referenzellipsoids in 2 Teile zerlegt denkt, in einen regionalen, d. h. von den regionalen Geoidundulationen herrührenden, Teil, und in einen von den örtlichen Verzerrungen des Schwerefeldes, den Lokalundulationen herrührenden Teil[1]). Der erste Teil wird als „Lotabweichung", der zweite als „Lotstörung" bezeichnet. In diesem Sinne ist also unter „Lotabweichung" die mittlere Abweichung der Lotrichtung des betrachteten örtlich beschränkten Gebiets von der „normalen Lotrichtung" (für welche man die Richtung der Normalen des Referenzellipsoids setzt) zu verstehen, unter „Lotstörung" dagegen die sich darüberlagernden örtlichen Unterschiede, deren Bezugsfläche also von Fall zu Fall verschieden ist. Diese Unterscheidung macht es noch notwendiger, stets anzugeben, auf welche Bezugsfläche sich die Angaben beziehen.

---

[1]) Diese Unterscheidung entspricht etwa der Definition von A. PREY (siehe PREY-MAINKA-TAMS, Einführung in die Geophysik, Berlin 1922, S. 21): Die von den unregelmäßigen Verbiegungen des Geoids herrührenden Schwankungen lokalen Charakters werden als Lotstörungen, die einen systematischen Charakter tragenden, welche von der Wahl des Referenzellipsoids abhängen, als Lotabweichungen bezeichnet.

Kolibri 360 GmbH
Ferdinand-Jühlke-Straße 7
99095 Erfurt, Deutschland
produktsicherheit@kolibri360.de